I0466964

This book belongs to

- 100 Sukaku Puzzles
- Puzzles over 9x9 grid
- One puzzle per page for larger fonts and for more space for notations.
- Puzzles with both regular (3x3 squared) sub-domain and with irregular (jigsaw-like) sub-domains
- The puzzles with irregular sub-domain have both symmetric and non-symmetric sub-domains
- The last 10 puzzles have additional constraints like in Sudodu-X (diagonal) and anti-knight or anti-king and anti-diagonal constraints over both regular and irregular (jigsaw-like) sub-domains.

Sukaku (also called pencil-mark Sudoku) is a variation of Sudoku where the initial clues are given as pencil-marks. In other words, the initial clues are several possible solutions in a given cell. If a single pencil-mark clue is given in a cell then the respective pencil mark digit is the actual solution for the respective cell. If a cell has several digits as clues, only one of those digits will be the solution.

An example of Sukaku grid is shown bellow:

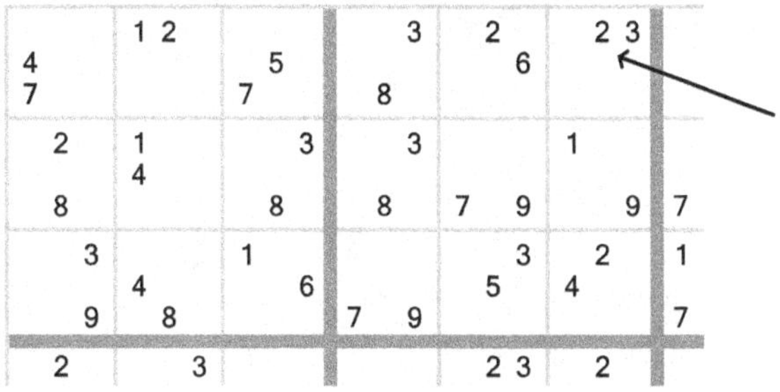

The initial clues are given as smaller sized digits, also called pencil marks, from which only 1 digit is the solution.
In the example shown the digits 2 or 3 can be the solution the the cell toward which the arrow points.

The solution of a Sukaku puzzle is the same as the solution of the Sudoku puzzles. Solving Sukaku puzzles amount to eliminate those initial clues which do not belong in respective cells and to keep only 1 digit from the initial clues, such that a valid Sudoku grid is generated. Specifically, the solution digits have to be unique along each row and along each column and within each sub-domain delimited by the bolder lines in the grid. In the regular 9x9 classic Sukaku the sub-domains are nine 3x3 squares while in irregular or jigsaw Sukaku the sub-domains can have irregular or jigsaw-like shape.

This book contains 100 Sukaku puzzles and their solutions. Most of the puzzles on regular (3x3 squares) grids and for added variety several puzzles are over irregular (jigsaw) sub-domains with both symmetric and non-symmetric distribution of sub-domains. Also for more variety the last 10 puzzles have additional constraints besides the classical Sudoku/Sukaku, i.e., like in diagonal Sudoku/Sukaku and like in anti-knight and/or anti-king Sudoku/Sukaku and like in anti-diagonal Sudoku/Sukaku, and over both regular and jigsaw sub-domains.

Puzzle-1

1 3	1 3	5 8	3 4	7 9	2 3	6 8	6 9	6 7
7 8	2 9	2 6	1 3	6 7	4 5	4 7	3 4	3 9
4 8	1 9	2 7	3 6	3 8	1 3	2 9	5 8	1 6
6 9	3 5	1 8	1 8	3 7	6 7	3 6	1 4	2 8
6 9	3 6	4 8	5 7	2 8	1 6	8 9	2 7	2 8
2 9	6 7	1 8	6 9	6 8	3 4	5 7	1 2	3 8
4 7	4 6	1 3	2 8	4 9	7 8	1 6	8 9	5 7
1 3	3 4	2 5	3 6	5 8	2 9	3 7	6 8	4 6
5 7	2 8	6 9	6 7	1 2	6 7	3 9	2 7	4 9

Puzzle-2

4 5	7 9	8 9	6 7	2 8	1 2	5 6	3 4	1 5
2 9	5 7	1 6	3 9	5 8	4 7	4 8	8 9	1 9
1 9	2 5	3 5	8 9	6 9	1 8	5 7	2 9	4 9
2 7	2 4	2 9	5 9	4 8	3 8	1 6	5 6	8 9
6 8	1 9	4 5	2 6	5 8	7 8	3 8	5 9	2 9
3 9	6 8	5 9	1 3	3 9	5 6	4 7	6 7	2 9
8 9	6 7	4 7	3 8	1 8	2 8	1 5	4 7	3 8
7 8	3 8	2 4	4 9	3 7	2 5	5 9	1 4	6 8
4 5	2 4	1 7	6 7	3 4	6 9	2 9	3 8	7 8

Puzzle-3

4 7	1 2	5 7	3 8	2 6	2 3	5 8	5 9	2 4
2 8	1 4	3 8	3 8	7 9	1 9	5 7	2 5	5 6
3 9	4 8	1 6	7 9	3 5	2 4	1 7	3 5	2 5
2 6	3 7	5 8	4 7	2 3	2 5	6 9	2 5	1 7
3 7	4 5	4 7	2 6	1 7	4 9	6 9	1 7	4 8
1 9	2 9	2 5	4 6	3 7	2 8	3 8	4 6	4 5
5 8	3 9	2 7	1 9	2 8	6 9	2 4	6 8	5 9
4 7	2 3	1 8	2 9	7 8	3 8	1 5	1 6	4 7
4 8	6 9	1 9	5 8	4 5	5 7	2 3	1 8	3 6

Puzzle-4

2 9	1 7	3 9	1 5	2 6	1 5	4 9	5 9	7 8
4 8	4 8	2 9	7 8	2 5	2 3	1 7	5 7	3 6
1 5	1 6	1 6	4 8	7 9	4 8	2 8	6 7	3 8
1 5	2 9	2 7	1 6	6 8	4 7	1 5	3 4	3 4
2 7	5 9	4 5	6 9	2 3	1 9	6 9	2 8	2 9
1 6	3 5	8 9	2 4	5 7	4 6	3 9	1 9	4 7
2 3	4 7	1 3	5 7	1 7	2 7	5 8	4 6	5 9
8 9	2 6	5 7	7 8	1 9	5 6	3 9	4 9	1 5
4 8	3 6	5 7	2 3	4 7	3 9	5 7	2 8	1 9

Puzzle-5

4 6	3 9	1 8	1 7	3 4	5 7	5 9	2 4	6 7
4 7	3 9	5 7	2 8	2 6	2 3	1 5	3 4	5 7
4 5	2 6	1 8	2 9	7 9	1 3	1 8	3 6	1 4
3 8	1 5	2 3	2 3	5 7	5 9	4 7	7 9	5 6
4 9	4 6	5 9	6 8	6 8	7 8	3 4	1 5	2 8
1 2	7 9	3 6	3 4	1 7	4 9	5 6	1 8	6 9
5 7	5 8	3 4	3 5	2 6	1 3	5 6	1 9	1 3
1 3	5 9	3 9	6 7	3 4	6 7	2 7	4 7	1 8
3 4	6 7	2 9	4 9	4 9	7 8	6 7	3 5	1 8

Puzzle-6

4 5	1 9	1 6	2 8	2 8	1 3	4 5	7 8	2 9
3 4	4 8	2 7	3 4	8 9	6 7	5 6	1 6	2 4
6 9	1 4	2 6	4 5	1 3	3 7	6 8	5 6	1 3
6 8	2 7	3 7	2 7	2 6	4 7	1 6	5 9	5 9
2 4	7 9	5 9	3 9	5 8	1 8	2 4	6 8	1 6
1 5	4 6	5 7	6 9	5 8	2 9	3 4	2 4	7 9
6 7	1 5	8 9	2 5	2 4	5 9	3 6	1 3	1 8
2 5	3 7	1 5	2 6	2 7	6 8	1 9	2 5	3 4
6 9	4 9	4 7	1 9	3 4	5 6	3 7	2 9	1 8

Puzzle-7

2 3	4 5	1 2	3 8	6 8	5 7	1 8	4 5	2 9
5 7	5 9	3 6	6 8	5 8	1 6	1 3	2 8	4 9
5 9	1 3	6 8	5 9	2 4	3 4	1 7	4 7	4 6
3 8	7 9	8 9	5 6	2 4	1 3	5 8	1 8	1 2
3 4	2 6	2 7	5 8	1 6	4 8	1 9	4 9	5 7
1 5	3 5	4 8	6 7	5 9	2 4	1 6	3 9	5 8
6 7	7 8	2 3	3 4	2 7	5 8	2 4	6 9	1 4
8 9	1 7	7 9	2 8	3 7	6 8	2 4	2 8	5 7
3 4	2 3	3 5	1 3	6 8	3 9	4 7	6 8	3 8

Puzzle-8

3 8	1 6	2 7	3 5	4 5	5 6	1 2	4 9	3 9
2 8	4 6	4 5	3 9	6 7	1 4	8 9	6 8	3 7
3 8	4 9	6 7	3 8	1 2	4 7	3 5	1 2	6 7
7 9	5 8	2 4	4 9	4 6	2 5	3 5	3 9	1 2
4 8	5 6	1 3	2 8	7 9	3 4	1 7	1 5	4 8
3 9	5 6	2 3	1 7	7 8	4 7	4 6	2 8	6 8
1 3	2 8	1 8	7 8	3 4	5 9	4 6	3 9	5 9
3 6	3 6	4 5	5 9	1 9	2 8	8 9	5 7	2 4
5 6	4 7	8 9	1 6	3 8	2 6	1 4	8 9	2 4

Puzzle-9

4 6	1 8	2 5	2 3	4 9	1 6	2 8	7 8	2 8
4 7	2 8	3 9	1 8	1 5	1 7	6 7	8 9	1 4
6 9	5 8	4 6	2 4	7 8	2 3	5 6	3 8	1 7
3 9	6 9	5 7	6 7	2 5	3 4	1 2	4 5	3 8
1 2	2 5	4 5	7 9	3 6	5 8	2 3	6 9	4 9
6 8	5 6	2 3	8 9	1 3	5 6	3 4	3 4	4 7
5 9	3 7	2 8	1 7	1 6	8 9	3 4	2 5	3 4
4 6	4 5	2 9	2 4	1 8	2 3	7 9	1 9	5 6
2 7	3 5	1 6	5 6	4 8	4 7	8 9	2 8	2 6

Puzzle-10

1 2	4 8	1 8	5 9	1 6	6 7	5 7	3 5	6 7
1 5	2 7	2 5	3 8	7 8	3 6	2 5	3 9	4 8
3 6	2 3	4 9	5 7	2 8	1 4	1 3	3 7	7 8
3 9	2 4	4 5	1 3	3 8	5 9	5 8	5 6	4 7
5 6	1 7	7 9	8 9	6 8	6 9	4 5	2 5	2 3
3 6	6 8	6 8	2 7	4 9	2 6	3 9	3 5	1 2
4 9	7 9	3 4	3 6	3 5	1 3	3 7	6 8	2 7
5 8	4 5	2 6	4 5	4 7	3 7	3 6	1 4	6 9
6 7	4 6	1 7	2 4	8 9	5 8	3 4	4 6	1 5

Puzzle-11

4 6 8 9	4 8 9	1 3	1 5 9	1 6 8	2 3 4 7	1 3 6	4 7 9	4 5 8
2 4 9	1 3 9	1 5 7	1 2 3 7 9	1 2 3 5	2 4 5 8 9	3 4 6 7	3 7 9	2 4 7 8
3 8	2 3 4 6 7	1 5 6 7	3 5 7	1 4 6 8	1 5 8	2 9	4 5	1 4 5 9
1 3	2 3 7 8 9	4 6 7 8	1 5	1 4	4 8 9	5 9	2 5 8	5 6 7
2 9	2 3 5	1 3 6 8 9	1 7 9	1 2 3 8	5 7 9	3 7	2 3 6	1 3 4 7
3 6 7	2 3	1 4 6	1 3 6	3 9	1 3 7 8	1 8 9	1 5 6	1 4 7 8 9
3 7	4 6 9	1 2 5 7 8	4 5 9	1 2 3 5	1 4 6 8 9	4 5 7	6 7 8	2 3 5
2 4	8 9	2 8 9	2 7	3 5 6	5 6 9	4 7	1 5 6 7	2 5 6 9
5 8	1 4 5	2 3 9	4 7 8 9	6 7	3 4 6	4 6 9	1 6 7 9	1 3 5

Puzzle-12

2 9	1 2 4 7	1 3 5	5 8 9	2 8 9	2 3 6	1 5 7	5 6 7 8	1 6 7 9
1 3 6	1 2	1 2 4	3 5 9	3 9	1 5 6 7	4 9	3 4 8	1 3 5
4 5 6 9	1 8	2 4 7	1 5 7 8	6 9	1 4	2 3 9	2 3	2 7
1 2 3 7 8	5 8 9	4 9	2 6 8 9	2 5 9	1 6 8	1 2 5 6 9	1 2 6 7	3 8
1 7	7 9	1 2 6	2 5 6 7	2 3 5	3 4	1 2 7 8	4 8	1 6 7 8
3 6 9	7 9	2 4 8	2 5 6 8	2 4 6	2 6	2 5 8 9	1 3 6 8 9	1 2 7
4 5	2 4 7	3 5 8	3 5 6 8	3 7	7 9	5 6 8	1 4 6 8	2 5 6 8
1 3 4 6 8	2 3 4 6 8	1 3 4 6 9	3 5 6 8	1 3 7 8	1 5 9	7 8 9	2 7	4 6 7 8
5 7 9	1 4 6 9	1 3 4 9	3 4 5 7 9	1 2 4	4 6 8	2 3 6	4 5 6 7	7 9

Puzzle-13

256	379	139	568	24	124	578	149	3579
58	378	257	59	579	12	1368	456	136
149	1789	126	789	2346	678	136	234	345
29	3578	39	1234689	4579	167	1259	17	478
2568	157	134579	17	1478	39	39	178	129
14	12	137	12359	4689	359	569	2467	258
35	689	356	346	12356	123479	47	38	349
12469	14	379	5679	235	1389	468	134	467
237	246	35689	39	369	13456	27	58	158

Puzzle-14

2 6	5 6 9	1 7	3 4 5	1 4 8	3 4 7 8 9	6 7	2 4 6	3 5 8
2 5 7	1 2 5	2 3 7 8	4 7 8	5 6 8	4 7 9	3 4 5	2 3 6 8	1 2
1 3 5 7	1 6 8 9	4 5	1 3 8	5 6 8 9	1 2 3 9	2 3 4 8	2 5 6 7 8	5 6 9
1 4 8	1 4 5	2 9	3 5 6 8	2 5 6 8	1 5 6	6 7	3 8	7 8 9
5 6	1 2 3 6 7	1 2 4 5 9	1 7 9	3 5 7	1 6 8	1 5 8 9	1 3 7	3 4
1 3 6 8	3 6 7 9	4 8	1 4 6	1 7 8	1 2 6 8	1 2 5 9	7 9	3 5 7
2 3 5 9	4 5 8 9	3 5 7 9	2 6	1 3 4 6 8	1 3 4 6 9	1 2 8 9	6 7 8	2 4 6
1 3 6	1 3 4 5 7	6 7	7 8	5 9	4 7	2 9	1 4 8	1 2 4
6 8 9	1 2 6 8	1 7	5 6	3 9	2 3 4 6 7	5 7	1 2 5	1 3 6 7

Puzzle-15

2 3 4 6	3 7	4 5 8	3 4 7	1 2 3 6 8	1 6	5 7	1 2 5	1 7 9
4 7 9	1 3 4 6	3 5	2 4 6	3 5 7 8	2 4 6	1 2 3 7	2 6 7 9	7 8
1 7 8	1 2 4 6	1 2 9	2 5	4 6 8	5 9	2 4 6 8	1 3 6 7 8	2 3 4 5
5 7 9	4 5 6 7	3 7	3 4 7 9	1 3 5 6	4 6	1 7 8	2 3 4 6	2 5
2 3 4 5 6 8	3 4	2 3 5	1 3 4 9	5 9	1 2 3 7	4 6 8 9	1 2 9	2 6
1 5 6	3 9	1 3 6	4 5 8 9	1 2 4 5	2 4 8	1 3 4 7	2 3 5 6	3 5 7
3 6 7	6 7 8	3 6 7	2 5 6	1 4 7	2 5	1 2 3 5 6	5 9	1 4
1 4 5 6 8 9	1 2 4	1 3 4 6	2 4	1 6 9	2 3 8	3 4 8 9	2 3 5 7 9	6 7
2 8	1 3 5	4 9	1 5	2 3 7 8 9	3 4	1 6 9	1 3 6 8	4 5

Puzzle-16

4 7 9	1 5 7 9	1 6 7 9	4 5 6 7 9	3 6 7	1 3 8	1 8	3 4 8	2 5 6
1 3 7	2 3 4 8	5 6 7 8	4 5 6 8	4 8 9	1 2 5 6 8	1 2 5 7 8	4 5 9	4 5 7 8
1 7	6 8	4 6	4 5 6 7	3 4 9	1 2 6	1 4 5	6 9	2 3 5
6 7	1 3 4 5 8	1 2 3 9	2 3 7	4 5 9	5 8	7 8 9	5 6	8 9
4 6 7	2 3 7 9	2 5	1 3 6 8 9	1 5 6	3 5 6 9	2 6 8	3 5 9	3 5 7 8
3 4 6 7 8	4 6 8 9	5 6	3 4	3 4 5 6 7 8	4 6 7	3 4 5 7	1 2 3 5	1 8
2 4 7	1 6	1 4 6 8	6 9	1 4 6 7	1 2 4 7 8	2 3	2 4 8	4 5 8
1 2 3 5	3 4	3 4 7	2 7 8 9	1 2	1 3	1 4 6 9	1 3	5 6
4 9	2 3 5 6 9	5 7 8	5 8	1 3 4	1 6	2 3 5 8	7 8 9	4 8

Puzzle-17

1 2 4 8	4 7	1 4 5 6 9	5 6 7 8	2 3 5 9	2 6 9	2 7 8	1 2 6	6 8
3 4 6	1 3 8	1 8	1 5 6	5 7	3 7 8	4 6 8	6 8 9	2 4 6
3 4 7	1 2 4 9	3 6 7	1 2 3 4	1 3 7 9	2 8	3 7	4 5 8	2 5 8 9
3 4 5	1 6 9	4 5 6 7	3 9	4 6 8	1 4 9	1 5 8 9	2 4 7	8 9
2 3 7 9	2 3 5	1 8	7 8	2 5	1 2 3 6 8	1 2 6	3 4 9	2 3
1 4 6	2 3 4	3 7 9	4 9	1 4 6	2 5	5 8 9	2 5 6 8	7 8
4 6 8 9	1 3 4 6 8	1 4 6 8	2 7	4 9	3 7 9	4 5 6 9	2 4 7 8	3 5 7 8 9
1 2 6 8 9	2 3 5	4 6 8 9	1 2 4 5 6 7	2 5 6 7	4 5 8	2 5	3 5 7 8	1 6 8
2 4 5	5 7	1 2 3	1 2 4	3 6 9	2 8	2 5 6 9	3 5 6 9	4 7 8

Puzzle-18

2 4 6 8	5 7	3 6 8	5 8 9	2 4 6 8 9	1 3 4	1 4 5	2 6	1 5 6
1 4	3 6	4 5	2 8	3 4 5 6	2 4 5 7	5 7	4 7 9	2 3 7 8
3 4 5 8	4 5 6 9	1 2 4	1 4 6 7	6 7 8	1 4 6 8 9	2 4	2 3 6 7	4 5 6 8 9
1 2 4 6 9	2 4	5 7 8	3 9	1 2 3 6	3 5 6	3 4 6 8 9	4 5	1 6 7 9
4 6 7	2 3 9	2 3 4 5 8 9	2 3 5 7	2 3 4 5 9	3 9	1 2 7 9	1 6	4 7
2 3 5 9	1 2	4 5 7 8 9	3 6 7 8	4 5 6 8	1 2 6	3 5	1 4 6	1 4 6
1 7	4 5 6 8	3 4 8 9	1 4	5 9	3 9	2 3 6	1 2 4 5 8	4 6 9
3 4 9	2 4 5	3 5 6 7 8	1 2	3 9	2 4 5 8	1 4 6 7	4 7	1 3
3 9	1 2 5	1 5 7	3 4	2 4 6	1 5 7 8	1 4 9	8 9	5 6 7

Puzzle-19

3579	346	37	168	248	3689	235	1568	3457
59	3467	18	46	28	2378	1479	189	49
1235	159	145	1567	589	47	1246	23	389
3679	168	1578	1248	1349	149	469	47	18
135	24	3457	49	123567	137	358	126	257
189	179	12579	48	479	259	13	45	568
18	2345	1249	1235	359	1246	379	1479	45
24	134	1356	478	189	579	579	2589	123
57	34569	489	2478	89	237	1578	3468	34578

Puzzle-20

1 3 9	2 3 5	4 6 7	3 8	3 4 7	2 5	1 5 8 9	3 4	6 7 8
2 6	1 8	2 5 6 8	4 7 8	3 4 8 9	1 4	5 6	5 9	1 4 5
4 7 9	3 9	1 2 5 6 7 8	3 7 9	2 5 6	4 5 7 9	2 5 6 7 9	2 4 8	1 6 7 8
5 8	4 6 9	2 3	1 3 4 5 8	1 4	2 3 5 7	6 7	3 4 5	5 9
4 7 8	4 7 9	5 7	5 6 8	4 6 9	7 8	3 7 8	1 4 5 6 8	2 5 7 8
1 5 8	2 6 8	3 4 7	1 2 6 8 9	5 6 9	1 4 5 7 8	2 5 8 9	2 7 8	2 3 6 9
6 8	1 7	4 7 9	1 3 4 9	3 7 8	1 2 3 4 6 9	2 6 7 8	5 6 9	2 4 7
5 7 9	3 6 7	2 4 5	1 2 7	2 3	2 3 6	1 2 5 6 9	1 7 8 9	2 3 5 7 9
2 3	2 4	3 4 7 8	5 8 9	1 2 7 9	1 2 4 7 9	2 4	1 4 6 7	1 8

Puzzle-21

4 8 9	6 9	2 3 7 8 9	5 7	1 2 5 6 8	5 6 7	1 3 5 8 9	2 3 5 6 7	3 4 9
2 4 5 7 8 9	2 3 4 7	5 6 7 9	2 3 4 8	4 6 7 9	2 3 4 7 8	1 6 9	1 2 3 8	2 3 7 9
2 4 5 7 8 9	3 7 9	1 4 9	1 2 3 4	2 7 8	2 3 6 7 8	4 5 6 7 8	3 4 7 8 9	2 3 4 9
2 3 5 9	1 5 6 7 8	2 5 7 8 9	2 4 5 6	1 2 4 5 6 8 9	2 4 5 8 9	3 8 9	1 4 5 6 7	2 3 6
1 6 9	1 2 8 9	4 5 7 8 9	1 5 6 7 9	1 7 8 9	3 4 5 6	1 3 4 8	4 7 9	1 5 6 8 9
2 4 5 7 8	1 3 7 8 9	2 6 7 9	3 4 6 7 8	4 5 6 9	1 3 4 8 9	1 2 3 4 5 6 8	1 3 6 7 8	1 2 3 6
1 4 5	2 4	2 3 4 9	2 3 4 5 6 9	3 4 6 8 9	2 3 6 7	1 4 5 7	2 4 5 6 7 9	1 2 6 8
6 7 9	2 7 8	2 3 4 7	2 4 5 7 8 9	1 2 3 6 7 9	4 5 6	4 7	2 4 6	1 3 4 8
2 3 5 7 8	1 3 5 6	1 2 6 8	1 3 4 8 9	1 5 7 8	4 7	1 4 7 9	1 2 3 5 9	1 2 4 5 9

Puzzle-22

1 2 4 6 9	2 3 5	1 3 8	1 5 6 7	2 3 5 7 8	3 4 6 8 9	1 2 5 6 7 8 9	3 5 9	4 6 8 9
1 3 4 5 9	1 3 4 5 6 8	5 6	1 3 5 7	2 3 4 5	3 5 9	5 6 9	1 5 7 8 9	2 3 4 5 7 8 9
1 2 4 7 9	1 2 3 4 5 6 7	7 8	3 4 5 6 7	1 7 8 9	2 3 6 7 8	1 4 8	1 3 6 8 9	2 3 6 7
1 8 9	2 4 6 7 8 9	3 4 5 7 9	4 5 6 8	2 3 7 8	1 3 4 9	1 2 4 6 9	2 3 5	1 5 7 9
1 2 3 6 9	2 3 6 7	1 2 4 5 6 9	1 5 9	5 6 7 8 9	2 3	1 2 5 8	3 6 8	1 3 4 7 9
5 7 9	6 8 9	4 5 6 7 9	1 2 4 6 7 9	1 2 3 7 8	1 3 8	1 3 4 7 8	2 3 4 6 8	2 6 7
2 4 7 8 9	2 3 4 7	1 6 7 9	3 5 6 8 9	1 2 4 6 8	3 5 7	1 3 5 6 7	1 4 5 6 8	2 3 4 6 9
1 2 3 5 7	4 5 6 9	1 2 3 4 6 8	2 4 8	6 7 9	3 5 9	1 2 4 7	1 3 4 5 9	3 4
5 6 7 8 9	3 6 9	2 3 4 5	3 4 6 7 9	2 3 4 5 9	1 9	2 6 8	3 4 7 8	1 5 7 8

Puzzle-23

2 3 6 7	5 6 8 9	2 3 8	8 9	2 3 6 7 8 9	5 6 7 8	4 5 8	1 4 9	1 4 7 9
1 3 4 7 9	5 7 8	1 2 3 9	1 2 5 6 8	1 3 5 9	1 4 5 9	2 6 7 8 9	1 3 7 9	1 3 4 6
1 2 5 6 7 9	1 3 5 8 9	3 4 5 7	1 3 5 7 9	1 2 6	1 3 6 7	1 2 5	3 5 8 9	4 7 8
3 6 7 8	2 4 7 8 9	4 5 6 7 9	1 4 9	2 3 5 6 7	2 3 7	1 4 6 7 9	2 3 5 6 7 8	1 2 7 8
2 5 9	1 3	1 2 3 4 7 9	1 3 4 6 8	2 7 8 9	1 6 7	1 7 9	1 4 5 6	1 3 4 5 6 9
3 4 5 6 7	3 4 8	5 6	2 5 6 7	3 5 9	1 7 9	1 2 4 6 8 9	3 4 7 8	1 5 8
1 2 3 5	2 3 5 7 8 9	1 2 4 5 7	1 5 6 9	1 2 3 4 7 9	2 3 5 7 9	1 3 4 8	2 3 4 5 7 8	3 5 7 9
4 7 9	1 2 5 6 7	4 8	2 3 4 7 8	3 4 6 9	2 6 8	3 4 5 6 7 8	1 2 5 7 8	1 2 3 9
1 3 5 7 9	2 3 4 5 6 9	1 2 3 4 6 8 9	1 2 3 5 6 7	2 4 6 7	5 8 9	1 2 3 4 6 8	2 5 8	2 3 5 6

Puzzle-24

1 2 5 7 8	2 3 4 8 9	1 4 8 9	1 3 6 7	5 6 7	1 2 3 5	1 2 3 4 7 8 9	1 2 5 8	2 6 9
3 4 9	3 5 6 7 9	2 5 7 9	1 4 8 9	4 5 6 7 9	2 8	4 6 7 8	1 3 4	1 6 7
1 2 3 5 6 7 8 9	2 5 7 9	1 2 7	1 2 3 4 7	2 3 6 9	2 3 5 8	2 4 5	1 7	1 3 8 9
1 3 4 5	1 5 6 9	4 5 8	2 3 4 6 8	2 4 7 8	1 4 5 7 8	1 3 5 7	2 4 9	1 2 5 6 7
7 8	1 3 6 7	2 5 7 9	1 2 4 5	1 5 7 8	2 3 5 9	1 2 6	5 6 8	3 4 9
1 3 5 6 7 8	3 4 5 7	3 5 6 7 9	1 4 7 9	1 3 8	1 2 4 6 9	1 8	1 3 4 5	1 2 3 5 8
2 3 7 8 9	1 3 9	2 3 5 6	1 2 7 9	1 5 9	1 3 5 7 8 9	3 4 9	2 3 5 6 7 8 9	2 3 6 8
2 4 6 7	2 6 7 8	1 2 3 6 7	1 5 6 7 8	1 6 7 9	3 7 8	2 6 7 9	2 3 4 9	4 5 7 9
2 4 5 6 8 9	2 3 5 6 9	1 3 4 6 7	1 2 3 4 6 7	3 4 5 6 7 8	2 4 5 6 7 8	4 5 6 7 8	1 6 7 9	1 2 4 6 7 8

Puzzle-25

1 2 5 7 9	3 4 8 9	1 2 3 4 7	2 3 6 7 8	3 4 6 8	1 4 5 6	1 2 4 5 6	2 4 5 6 8	2 3 6 8 9
1 2 5 6 9	4 5 6 7 9	3 4 5 9	2 3 5 7 8 9	1 6 7	2 3 4 7 9	4 6 7	1 2 5 6 7 8 9	1 2 3 4 6 7 8
1 2 4 5 6 8	5 7	1 2 3 8 9	1 5	1 2 4 9	2 8	3 4 7 8 9	1 3 5 6 9	2 3 7 8
2 3 7 8	1 6	3 5	1 3 4 6	1 2 5 7	2 3 5 8 9	2 5 9	1 3 5 7 8 9	1 2 4 7
2 3 7 8 9	1 5 8 9	1 2 6 7 9	6 8 9	2 7 9	4 6 8	2 3 5 6 7	1 2 4 5 6 8	2 4 5 8
2 7 9	2 4 7	1 4 6 7 8	1 2 7	3 4 5 7	1 2 4 9	3 4 7 8 9	1 6 7	2 4 6 7 9
3 4 5 6 7	1 2 3 4 8	2 4 5 7 8 9	1 2 3 6 7 8	1 4 5 7	5 8	1 2 5 7 8 9	3 5 6 7 9	1 2 4
1 4 7 9	1 5	1 3 6 9	1 2 4 5 8	6 8	1 2 4 5 7	1 3 7 9	1 2 3 6 8	1 7
1 6 8	1 2 3 6 7	1 3 4 7 8 9	8 9	1 2 3 6 8	1 3 5 7	1 4 6 8	3 4 5 6 7 8	4 5 9

Puzzle-26

2356	12345689	134789	1256	2369	13459	3459	24578	16789
459	14679	2568	1479	45678	679	14	2459	13679
12357	269	26	245	3467	3479	145	13689	13456789
14589	17	36789	1256	4568	1578	478	135	4678
24569	127	3468	4689	134789	378	134789	1234689	12589
456789	248	5678	147	36	1236	2569	135	12468
467	79	1345679	368	12346	23458	1367	128	1259
12459	2357	24589	3568	14689	24679	25678	249	137
3568	369	12345	1368	23578	2345678	123568	17	189

Puzzle-27

1 5 6 9	2 4 6 7	2 3 7 8	2 4 5 6 7	1 3 8 9	1 3 6 7 8	5 6 9	2 3 7 8 9	3 6 7 8 9
3 6 7 8	6 7 8 9	1 2 3 4 5 7 9	2 3 6 7 9	3 5 8 9	5 6 8	2 3 4 5 6	1 2 7 9	1 2 3 5 8
1 4 5 8 9	1 2 6	6 7 8 9	1 2 4 5 6 7 8	1 4 5 6 9	3 4 6 7 8	3 5 7 8	1 4 5	3 7 9
4 5 6	1 4 5 6 8 9	1 4 7	5 7 8 9	1 2 3 7 9	2 6 7 8	1 2 7 8	1 2 4 5 8 9	1 3 5
3 4 5 6 7	6 7 9	1 2 3 4 7	4 8	4 7 9	2 5 8	1 8	1 2 3 9	2 4 5 6
1 2 3 6 7 8	1 3 7 8 9	2 3 9	1 2 7	5 6 7	3 7	4 6 7 9	2 4 5	2 3 4 5 7 9
1 2 5 6 9	3 4 5 8	2 5 9	5 6 7 8	1 2 4 5 6 8	1 2 3 8	1 3 6 8 9	2 3 4 5 6	1 2 4 5 6 7 8 9
1 2 4 6 9	2 4 6 7 9	2 7 9	1 5 7	1 3 5 6 8 9	3 4 5 6 7 9	1 5 6 7 8 9	1 3 5 7 9	1 4 6 8
2 3 6 9	2 4 5 6	2 5 8	1 3 4 5	1 2 4 6 8	4 5 6 7	1 5	2 4	4 5 6 7

Puzzle-28

4 5 6 7	4 6 9	3 4 6 7 8 9	2 4 5 6 7	1 2 6 7 9	1 3 4 6 7 9	1 2 6	1 4 6 8	2 3 4 6
1 2 3 5 6 9	3 8	2 3 4 6 7	1 6 9	1 2 4 5 6 7	3 5 8	2 8 9	2 3 4 5	1 4 5 7 8
1 5 8 9	5 6 7 8	1 6 8 9	2 3 8 9	4 5 7	1 2 4 5 9	1 5 6 9	1 3	2 3 6 7 9
2 3 5 7 8 9	1 5 7 8 9	2 3 5 6 8	1 2 3 7 8	1 2 3 4 6 7	1 2 4	6 7	3 4 6 9	1 2 5
1 3 6	2 6 8 9	3 5 7 8 9	2 4 5 6 7 8	3 6 9	4 7 8 9	5 9	1 6 7	4 5 6 7 9
1 3 7 9	2 3 4 9	5 7	2 6 8 9	2 3 5 6 8	2 4 5 7	1 2 3	3 5 6 7	3 4 5 8 9
1 2 3 4 5 7 8	1 2 5 6 7	2 5 7	1 7 8	2 3 4 5 6 8	1 2 4 5 6 9	4 7 8 9	2 4 7 9	3 6 8 9
5 8	1 6 9	2 3 4 6 7 8 9	3 4 5 8	1 3 5 7 8	1 2 3 6 9	1 3 9	1 7 8	2 3 5 7
3 4 6	1 4 5 9	1 3 4 6 7	1 3 4 6 7 8 9	3 5 9	1 2 3 7 8 9	1 2 4 7 8 9	1 2 5 7	1 4 5 8 9

Puzzle-29

3 7	1 3 4 6	1 6 7	1 2 4 6 8 9	2 4 6 7	2 4 5 8	1 3 7 8	1 2 3 4 7 9	1 6 7
1 2 5	1 2 4 5 9	3 5 6	3 6 8 9	4 5 6	6 7 8 9	5 6 7	2 3 4 5 9	4 6 7
1 2 4 6 8 9	1 6 8	1 3 9	3 4 7 8	3 5 6 7	3 4 9	1 3 5 7 8	5 6	1 2 4 5 7 9
4 7 8	3 4 5 6 8	1 2 6 7	3 4 5 6 7 8	1 2 3 4 5 7 8	1 2 4 5 7 8	2 3 6 9	1 7 8 9	2 3 5 6 7 9
4 6 7	5 6 8 9	1 3 5 6	1 2 7 9	4 5 8 9	1 3 6 7 8	3 6 8 9	3 4 8	4 5 7 8 9
2 3 6 8 9	1 5 9	1 4 5 6 7 8	1 4 5 6 7 9	1 3 7	1 4 5 7 8	2 3 9	4 8 9	1 2 5
2 6 7 9	2 5 6 7 8	1 3 5 6 8	1 2 4 5	1 3 5 7	3 6 7 8 9	1 3 4 6 7 8 9	2 4 5 6 9	2 4 8
2 4 5 9	1 5 9	2 3 4 8	4 6 7	4 5 8 9	3 5	1 2 3 5 8 9	2 3 5 8	2 3 5 7 8
2 4 6	1 7 8 9	3 8 9	3 6 7	1 2 4 7 8	2 4 6 7	1 2 3 4 5 6 7	1 2 3 4 5 7 8	2 3 5 6

Puzzle-30

2 5 9	2 8 9	5 8	1 4 7 9	1 3 4 5 6 8 9	3 4 6	1 2 5 6 7	1 3 4 9	1 2 4 5 9
3 4 5 6	4 7	1 2 6 8 9	2 6 8	2 3 4 6 7	2 4 5 7 8 9	1 2 4 6 8	2 4 9	1 2 4 5 9
1 3 4 6 7 8	1 4 5 6 7	6 7 8 9	2 6	1 3 4	1 3 5 7 9	2 4 6 8	1 3 5 6	1 3 4 5 6 7 8
1 6 7 9	1 3 6 8 9	2 4 5 6	4 6	2 5 6 7	3 8	2 3 5 6 7 8	6 7 8 9	2 3 5 7
2 4 5 6 7	3 4 6 7	1 3 9	1 3 5	2 5 6 9	1 3 4 5 6	3 4 8 9	3 4 5 6 7 9	3 6 8
4 6 8	2 5 6 7 8 9	1 2 3 4 8	3 5 9	4 6 8 9	1 7	2 3 4 5	1 4 5 7	1 3 4 6
1 2 3 4 8	3 6 8	4 7 9	1 5 7 8 9	1 2 3 5 7	2 3 4 7 8	1 4 5 6 7	2 4 6 9	3 4 6 7 9
3 5 8 9	1 2 3 4 5 9	1 2 3 4 6 9	3 4 5 6 7 9	1 3 4 5 6 8 9	1 2 7 8 9	4 5 7 8 9	3 4 5 7 8	5 7 9
3 6 7	2 5 6 8	4 9	1 2 7 8	1 5 8	4 5 7 8 9	3 6	1 4 5 7 9	1 4 7 8

Puzzle-31

1 2 4 8	3 7 9	1 2 4 5 6 7	1 5 6 9	1 3 4 8	3 4 7 9	1 3 4 6	7 9	1 3 5 6 9
1 3 5 6 9	1 4 5 6 7 8	1 3 5 6	1 2 4 5	2 3 4 7 8 9	3 5 7 8 9	2 3 4 6 8	7 8	2 3 4 5 8 9
1 4 5 6 8 9	3 7 8	4 5 9	1 3 6 7 8	1 2 3 5 6 9	1 4 7 8	3 5 7 9	1 3 8	1 4 6 8
3 5 6	2 4 6	1 2 9	2 3 7 8 9	1 3 8	5 6 9	1 4 7	1 2 4 5	3 7 8
1 8	2 5 8 9	1 2 7 9	2 3 5	2 6 9	1 6 7 8 9	8 9	2 3 4	1 2 5 6
2 6 8	3 4 8	2 6 7 8	1 3 4 8 9	1 3 5 7 9	1 4 7	3 6 8	5 7	3 7 9
4 5 7 9	3 5 6 9	1 6 7 8 9	2 7 8	3 5 6 7	2 4 6 7 8	2 5	1 2 4 5	2 6 7 8
1 5 6 7 8	1 4 6 7 8	1 3 4	5 7 9	4 6 7 8 9	2 5 7	3 4 7 8	3 5 8 9	1 4 7 8 9
3 5 7 8	1 2 3 6 7	2 3 6	1 2 4 6 9	3 5 6 7 9	1 5 8	3 4 5 7 8 9	2 4 5 6 7	7 8

Puzzle-32

234579	1679	678	2349	169	2467	2579	1568	469
24678	3478	248	79	35	12578	368	4678	126
1578	12457	1345789	248	2478	126789	1679	23479	267
89	1389	1367	1569	12	12378	1678	45689	469
2367	579	34689	134689	145689	1467	3678	2789	569
258	149	24678	37	79	12346	19	58	345789
1278	12789	489	123469	139	45789	3459	4568	12478
134678	259	356	468	2468	14568	23	13789	1349
246	1246	1347	1278	1678	123789	134	1235	389

Puzzle-33

2 3 4 5 8	2 4	2 3 7	1 3 5 6 7 8	4 7 9	3 6 9	1 5 6 9	3 4 6 8	1 6 9
3 4 6 7	1 4 6 8	1 3 6 9	1 4 5 7 8	1 3 4 6 8	3 5 6 7	1 4 5 6	2 4 6	1 5 7 8
1 2 5 6 9	2 4 5 6 8 9	1 2 3 8 9	2 3 9	3 4 5 8	2 7 8	4 5 7 9	1 2 3 4 5	2 3 4 9
3 5 6 7	3 6 7 8 9	1 2 4	2 8	1 3 6 8	1 3 7	1 2 5 6 8	1 2 5 7 8	1 2 4 8
2 6 8	5 7 9	1 4 6 7 8	2 3 4 6 9	3 5 6 7	2 3 4 6	3 5 8 9	5 7 9	1 2 6 8
1 2 3 5 8	1 7	2 3 5 7	2 4 5 7	3 6 9	1 3 6 8	1 2 4 9	1 2 3 9	1 2 3 6 9
3 4 7 8	1 2 5 6	1 2 5 6 7 9	2 3 8	4 6 7	2 3 5	1 2 3 4 5	2 3 5	1 5 6 8 9
3 7 8 9	3 5 6 8	1 2 5 7	3 4 7 8	1 2	1 6 7 9	1 2 3	3 6	1 2 4 9
2 3 7 9	1 3 6 8	5 6	4 7 8	1 3 4 5 6 8 9	2 4 5 7 9	5 7 8	3 4 5 6 7	1 4 6 7

Puzzle-34

2 5 8 9	1 3 7 8	1 2 3 4 8	5 7 9	1 2 4 7	1 2 3 4 5	3 4 5 6 7 9	3 4 5 6 8	2 3 6
5 8	2 5 7 9	2 3 4 8	3 5 6 9	1 6 8	1 2 7 8	3 6 7	3 6 7 9	1 2 3 6 7
1 3 7 9	2 3 5 8	4 6 7 8 9	2 4 5	1 2 3 6 9	1 2 7	6 7 9	2 3 4 5 7	2 5 6 8
1 3 8 9	6 7	1 3 4 6 8	1 5 6 7 9	2 3 7 8	1 6 8	1 3 8 9	1 3 5 6 7 8	2 4 8
1 4 5 6 8 9	1 2 4 5 7	1 2 6 8	1 4 6 7	1 5 6 8	4 5 6 8	3 6 7	2 3	1 3 4 9
1 3 4 8 9	1 2 6	2 4 5	2 8 9	1 2 5 6 8 9	1 2 3 4 6	1 2 4 5 6 7 8	2 7 8 9	2 3 4 5 7
2 3 8	2 4 5 6 9	1 6 9	2 6 9	2 3 5 7 9	3 7	1 2 4 5 8	3 6 8	1 6
2 5 9	2 3 4 8	2 3 7 8 9	1 2	2 3 6	1 3 4 6 9	1 2 4 5 7 9	2 4 5 9	3 6
1 2 6 7 9	3 4 6 7 8	2 5 6 9	3 6	1 4	4 8	2 6 9	3 5 7 8 9	1 6 7 8

Puzzle-35

1 3 5 8	1 2 6 7	7 8 9	3 4 5 7 8	3 4 7	4 6 7 8	1 4 7 8	3 5 8 9	2 3 6
5 8	2 3 4 5 8 9	1 2 4 5 7 8	1 3 5 6 7 9	1 3 4 5 8	3 6 7 9	1 3	1 3 4 5 9	3 4 7 8
2 3 4 5 6 7 8	1 2 4 7 8	1 3 7	5 6 7 9	2 3 5 7	3 4 8 9	1 7 8	1 4 9	3 4 5 6 8
3 4 5 9	1 2 5 7	2 3 7 8	5 6 7 8	1 3 7 8 9	2 7 8	4 6 8	5 6 7 9	5 6
1 2 5 7 9	1 2 8	2 5 8	1 3 6	2 4 5	4 5 6 8	1 7 9	1 3 8	1 3 4 6 7 8 9
3 6 7 9	5 6 8	1 4	2 4 7 8	3 4 6 7 9	1 4 8	1 4 9	2 3 5 6	3 5 8
2 3 8	1 4 6 9	1 6 9	1 3 4 5 6 8 9	4 8 9	1 3 8	1 4 5 7	2 4 5 7 9	4 5 8 9
1 4 5	6 7 9	1 2 7 8	2 8 9	5 7 8 9	3 8 9	6 8 9	1 2 4	3 7 9
2 4 5 9	3 8 9	1 2 3 4 5 9	1 3 4 6 7 9	2 3 4 5 6	2 3 5 7 8	2 3 6 7 9	5 6 7 8 9	2 6 8 9

Puzzle-36

1 2 3 7	1 4 5	6 7 8 9	3 4 6 8 9	5 6 7 9	1 2 4 5 8	4 6 7 8	4 5 9	3 4 6 9
1 3 4 8	1 2 3 4 7	1 2 4 5 6 7	1 4 5 9	2 3 4 5 7	1 2 7	1 5 9	1 2 3 5 6 7	1 3 5 6 7 8
5 6 7	1 2 4 9	3 7 9	1 2 3 5	4 6	4 6 8 9	1 6 7	3 4 5 6 9	1 3 9
3 4	3 7 8 9	1 3 4	3 6 7 8 9	5 6	4 8 9	4 6 8	1 3 4 8 9	2 3 5
2 6 9	1 5 6 8	1 2 3 6 8	1 8	1 2 3 4	1 2 3 6 8	4 8 9	5 7 8	1 2 3 5 7 9
1 3 4 6 9	7 8	3 5 7	1 4 8 9	1 2 5	4 6 7	1 3 8	2 6 7 8	3 8 9
1 8 9	2 3 5 6 8	3 4 7 9	1 4 8	3 6 8 9	3 4 5 7 8 9	5 7	2 3 5 6 9	1 2 5 6 7
1 2 7 8	3 5	4 7	1 3 4 5 6	1 2 4 5 6 7 8 9	4 5 6 7 9	1 2 6 9	1 2 3 4 8 9	1 3 4 5 7 8
1 2 4 6	1 5 8	1 2 5 7	3 7 9	2 6 7 9	2 5 6	2 4 6 8	1 3 5 6	2 4 5 6 7 8

Puzzle-37

2 3 4 5 7 9	4 5 8	1 4 5 8 9	5 6 9	1 3 4 5 6 8 9	2 3 6 7 8	1 3 6 8	1 6 7 8 9	2 3 4 6
1 2 3 8	1 5 6 8	7 9	1 3 4 5 7	2 4 7 8	2 3 6	4 8 9	4 6	2 6 9
2 3 4 9	2 3 5	1 4 6 8	1 2 6	1 2 5 7 8 9	1 2 3 4 7	2 7 9	4 5 6 9	1 3 4 5
4 6	3 6 9	5 7 8 9	2 4	3 5 6	1 2 4 6 7 8 9	1 5 8 9	3 6	1 2 4 6 7 8
1 4 6 8	3 4 5	2 6 7	1 3 5 7 8	1 3 5	2 3 7 8 9	2 5 9	3 4 6	1 2 6 8
3 5 6	1 4 5 6	1 2 5 6 9	2 3 4 5 9	3 4 7 8 9	2 6 8 9	2 7	2 3 4 5 6 7 8	5 9
2 6 7 8	1 5 7 8	3 4	3 4 7 9	2 3 4 5 7	1 5 7 8 9	3 5 7 8	1 6 7 8	1 3 4 9
1 5 7 9	1 4 5 7	3 5 6 7 8	1 4 7	2 3 5 7 9	1 2 9	1 3 6 7 8 9	2 3 7 9	7 8
2 3 8	1 4 7	1 2 3 5	4 6 8 9	1 4 5 6 9	2 7 9	4 5 7 9	1 4 5 7	3 4 6 7 8

Puzzle-38

1 5 7 8 9	1 2 3 7	2 7 8	1 2 6 7 8	3 8	2 4 5	2 5 6 8	3 4 5 6 8	1 2 3 4 7 9
5 7 8 9	1 2 7 9	3 5 6 7 8	1 2 3 4 5 9	2 3 4 6	3 4	4 9	1 3 9	1 2 3 6 8
2 4 6 7 9	2 3 4 5 8	2 3 5 6 9	1 3 4 5 6	1 3 4 5 6 9	1 7 8 9	1 2 3 4 5 7	1 2 5 6	1 4 6 7
2 4 5 8 9	1 4 5 6 9	1 2 5	2 8	3 5	3 4 5 7 9	2 9	2 4 5 9	1 3 4 6 8
6 9	1 5 6 7 8	1 2 9	1 2 3 5 7 8	1 2 3 4 9	2 3 4	1 3 4 5 9	2 4 7 8	2 3
4 5 6 8 9	2 3 6 7	3 6 8	3 4 9	4 6 7	2 3 5 9	1 2 5	4 7	1 2 3 4
2 5 6 8	2 6 7	1 3 4 7 8	1 3 4 7	1 7 8	1 2 7	1 7 9	1 3 4	1 2 4 5 8
1 3 4 6 9	2 5 7	2 4 6	2 4 6 7	1 3 9	4 8 9	2 7 8	6 7 8 9	1 2 4 9
1 5 7 8 9	1 2 8 9	3 5 7 8 9	4 6 7 8	1 3 5	1 2 3 6 8	1 4 6 8	3 4 5	2 5 6 7

Puzzle-39

2 7	2 4 6 8	5 7 8 9	3 4 6	1 2 3 4 6 7 8	1 3 7 9	4 6 7 8	1 2 3 4 6	1 5
1 3 5 6 8	1 3 4 5	1 3 4 6 7	1 3 4 6	3 4 6 7 8 9	1 6 7	1 3 4 5 6 8	2 3 6 7	1 2 5 6 7 8 9
2 5 6 8	3 4 5 6 8	2 4 5 9	2 4 9	1 2 5 8 9	2 3 9	5 7 8	3 6 7	1 4 5 6
1 3 4 8	3 4 5 6 7	2 4 5 7	1 2 5 7 9	1 7 9	2 3 4 9	2 4 9	1 3 6 9	3 6 8 9
1 3	1 2 4	1 6	2 4 6 9	1 2 3 4	1 2 3 4 5 7 8	1 4 7 8	6 8	1 2 7
3 4 5	2 7 9	1 6 7 9	2 6 8 9	1 2 4 7 8	4 6 7	2 3 4 5 7 8 9	3 4 6 8	2 7 9
1 2 5 8	1 3 6	6 8	1 6	2 3 6 9	1 3 4 5 7	3 6 7	1 5 8	1 2 3 4 5
3 6 9	1 2 3 5 7 9	2 3 8	1 5 7 8	2 6	6 7 8	2 4 5 6	1 5 6 9	2 4 5 7 8 9
1 3 4	1 4 7 9	1 5 9	2 4 7 9	1 3 6	2 3 7 8 9	2 8 9	2 4 5 6	1 4 5 7 8

Puzzle-40

1 2 5 6	5 6 8 9	1 3 4 6 7	2 3 5 6	4 5 6 7	1 4 7 9	1 2	2 3 6 7 8	2 5 6 7 8
1 2 5 9	3 6 9	3 7 8 9	3 4 5 8	2 3 5 6 7	2 4 6	2 3 4 7 8 9	3 5 9	2 3 6 7 9
1 5 6 9	5 7 8	4 8 9	1 6 7 9	2 3 6 7 9	8 9	1 4 6 8 9	1 2 3 5 7 8 9	1 2 7 8 9
2 3 5 6	2 4 9	1 2 7 9	1 9	2 3 4 6 8	3 5 7 9	3 5 6	2 3 4	2 3 5 6 8
7 8 9	1 5 6 7 9	1 3 5 6 9	1 3 5 8	2 4 8 9	2 6	3 6 7	1 3 4 6 7	1 3 4 6
1 3 4 5 6 8	2 4 9	1 5 6 7 8 9	2 3 4 5 6 7 8	1 2 4	1 4 5 8	2 5 9	5 9	3 6 7 8 9
5 7	1 3 4	3 5 6 7	1 4 5 8	8 9	1 2 4 5 7	2 3 4 7 8 9	6 8	4 5 6
2 3 4	3 4 5 6 7 9	3 5 9	2 6 8	1 5 6 8 9	1 2 5 8	3 4 5 6 7 8 9	4 6 8	3 4 8 9
3 7 8	5 6 7 9	2 7	7 9	2 4	1 2 3 5	3 8 9	1 2 3 5 7 8 9	2 4 5

Puzzle-41

4567	24	4569	38	456	3679	1378	124689	1289
58	24569	579	157	179	125	49	2345	4689
14789	239	23467	68	1348	2457	1257	24578	1579
23589	4569	258	137	256	1678	249	45689	47
237	147	234	24579	3789	13589	23456	16	12567
1269	235679	16789	358	3479	679	129	2489	289
2358	379	13689	1689	345678	12479	1237	2789	23456
135689	68	3469	12348	1267	12348	2489	24578	124
23679	4568	1459	69	12478	13568	1678	13678	379

Puzzle-42

3 4 7 8	1 2 5 6	1 2 6 7	2 4 5 6 7 8 9	1 3 6 9	3 5 6 9	1 3 5 7 8	1 2 3 5 8 9	2 4 5
3 4 7	4 5	2 6 8 9	1 2 6 8	2 4 5 6	2 5 6	1 3 7 9	3 4 6 7 8 9	4 7
4 9	1 2 5	2 4 6	2 3 5 6 9	1 2 6 8 9	2 6 7 8 9	1 2 5	4 5 6 9	1 2 3 6
4 5 6 7	1 2 3 6 7 8	6 7 9	1 2 3 6	2 6 7	1 3 4 5 7	1 4 6 7	1 2 8	3 5 6 8 9
2 7 8	1 2 5 6 7	3 4 5 8	1 5 9	4 6 8	2 3	2 4 5 6 8	1 5 9	2 4 6 9
1 9	2 5 6	2 3 7 9	1 7 8 9	1 2 7 8 9	4 5	1 3 4 5 7	2 4 7 8 9	1 4
3 4 5 6 8 9	2 3 4 9	2 4 5 7 8 9	2 6	1 7 9	2 5 8	1 2 3 6	2 3 6 8	3 6 7 8 9
3 4 6 9	2 3 7 8	2 3 4 5 6	2 4 5 7	1 9	1 4 6 8 9	2 5 6 8	2 6 7 8 9	1 2 5 9
2 5 6 9	1 6 7 9	1 2 7 8 9	1 2 3 6 9	4 5 6	6 7	2 4 5 7 8 9	6 7	7 8 9

Puzzle-43

2 5 7	1 2 3 9	2 4 6 8 9	4 6 8	3 4 6	3 6 8	2 3 9	2 5 7 8 9	1 3 4 5 6 9
1 2 6	3 4 6 8	1 5 8	3 4 5 7 9	4 7 8 9	4 5 7 9	3 5 7 9	1 3 4 6 8 9	6 7 8
2 4 5 7 9	3 4 6	7 8 9	1 3 8	1 3 6 8	2 3 5 7 9	1 2 3 4 6 9	1 2 4 5 7 9	2 3 4 6 8 9
1 4 8	2 4 5 9	1 2 3 7 9	1 3	1 4 8 9	5 6 7	6 8	2 3 4 5	1 7
1 3 6	2 4 5 6 8	2 3	2 3 5 6 9	2 3 5 8	3 7 9	2 3 5 9	3 4 9	1 5 6 7
1 4 5 6 8 9	1 5 7	5 7 8 9	2 5 8	4 8 9	1 3 4 5 8	1 4 6 7 8 9	2 3 7 8	5 7 8
1 5 7 9	2 5 8	2 4 5 6 7	2 3 6 9	2 4 7	1 3 9	1 6 7	1 2 5 7 9	1 4 6 7 8 9
2 4 5 6 9	1 2 3 7	3 4 6 7 8 9	2 3 4 7 8 9	1 4 5	2 5 6 7 9	1 3 6 9	5 6 8 9	2 3 8
2 5 7 9	4 6 9	1 2 3 7 9	2 3 8	1 6 7	1 2 4 8	4 5	2 3 4 6	2 4 8

Puzzle-44

1 3 7	5 7 9	1 2 3 4 7 8	1 5 6 8 9	1 4 7 8 9	3 5	6 9	5 8 9	1 2 8 9
1 2 4 7 8	5 6 7	6 7 9	6 7 8	1 2 3 4 7 8 9	3 7 8 9	1 2 3 7 9	1 5 7 9	1 4 7
1 2 5 6 8 9	2 4 7 8	2 6	1 3 4 8	6 8 9	1 3 9	3 5 7 9	1 5 6 8	1 3 4 6 9
4 6 7 9	1 2 5 8 9	3 5 7 9	2 5 7 8 9	5 7 9	1 2 3 5 7 8 9	1 3 6 8	2 4 8 9	2 3 7
4 5 8	2 4 9	2 5 7	1 3	6 7	4 5 6 9	3 6 7 8 9	1 2 5 7 9	6 8 9
2 4 7 9	4 7 8	1 7 8 9	1 2 3 5 8	1 3 6 8	1 9	2 3 6 7	3 4 6 8	2 5 6 9
1 3 4 5 6 8 9	2 3 5 9	6 7 9	2 3 4 6 7 9	1 3 4 8	2 4 5 7 9	4 5 7 9	3 4 6 7	4 5 8
1 2 4 5 8	3 4 8 9	1 5 8 9	1 2 5 6 7	1 2 3 4 9	1 2 4 5 7 8	4 6	2 6 7 8 9	3 4 5 6 7
2 7	1 5 6	1 3 4 8 9	6 9	1 2 4 5 7 8	2 6	1 2 7	2 9	2 3 8 9

Puzzle-45

1 5 7 8	1 3 4 5	6 7 9	2 3 4 6	1 2 9	3 4 6 7	1 4 7	1 3 5 8 9	1 4 7 8
1 3 4 5 6 7 9	1 4 5 7	1 3 4 5 8	1 5 6 9	1 3 4	1 5 7 9	3 5 9	2 5 6 9	2 4 7 8
4 6 8	1 2 4 6 7	2 5 9	2 4 7	3 5 7	2 3 4 7 8	1 5 6	3 4 6 9	5 7 9
1 4 7 8 9	3 6 7 9	2 4 5 6 8	1 2 3 4 5 7	1 2 5 8 9	1 5 6 8	1 5 6 7	1 4 5 6	1 3 4 6
1 4 6 9	1 2	1 2 3 8	5 7 8	4 5 8 9	3 7 9	1 2 3 4 8	1 2 3	1 6 8 9
3 4 7 9	4 5 6 8	1 3 4 5 6 7 8 9	1 3	1 5 7	1 3 4 6 7	1 2 3 7 8 9	6 8 9	2 4 5 6 9
4 5 9	4 6 7 9	1 7 8 9	5 6 7 8	3 4 5 7 8	2 5 6	3 5	2 3 4 5 7 8	4 6
2 4 8	1 3 5 8	1 4 5 8	1 4 6 7 9	1 2 3 4 7	2 3 5	4 6 9	2 3 4 6 7	1 2 7
1 2 3 6 7	3 4 8	1 2 7 9	4 7	2 5 6 7	1 2 5	3 5 7 9	4 5 6 9	1 2 3 8

Puzzle-46

2679	13468	12347	489	135679	13489	358	13467	1256
146	3489	23469	157	467	3579	126	1379	34689
3589	1256	268	158	347	28	359	356789	2457
1345678	16	2389	124569	2489	1678	369	6789	678
1347	359	468	4568	58	12458	4678	258	1235
346	15678	239	139	13	1678	34578	179	257
234568	79	1356789	2589	1789	46	3456	359	12349
356	3458	12459	2567	345678	2458	1358	245	1269
3689	12378	12367	348	2578	4589	2378	12367	3459

Puzzle-47

3 7 8	4 5 6	3 5 6 8	3 6 7 9	1 2 3 4 5 6 9	2 3 5 6 9	1 2 3 6	1 3 5 9	2 5 7
1 5 6 8	1 2 9	1 3 5 7 9	5 7 9	4 6 7	3 4 8 9	1 3 4 6 8 9	1 4 7	1 2
6 9	1 2 5 6 7	1 2 4 6 8	4 5 6 7	1 2 3 5 7 9	1 2 4 6	7 8 9	5 6 7 8 9	3 7
2 3 4 8 9	4 7	1 3 4 6	1 2 3 5 6	3 7 9	1 5 6	1 3 4 5 7 8	1 2 4	3 5 6 8
6 9	3 4 5 7 9	2 4 7 9	6 7 8	2 3 4 9	1 4 6 7 8	3 6 7	1 3 4 5	4 6 8
1 3 4 5 6 8 9	2 5 7 8 9	1 2	4 5 6 7 8	4 5 7	1 5 7 9	1 5	5 7 8 9	1 3 8 9
1 6	1 2 5 6 7 9	1 2 3 4 5 6 7	2 5 6 7	2 4 6 8	6 8 9	1 2 3 4	2 3 9	2 5 9
2 4 7 8	2 3 9	3 5 6 7 8 9	1 5 7 8	2 3 5 6	4 6 8	2 5 7 8	2 3 6 9	2 3 5 7 8
1 2 6 8	2 3	2 3 4	2 3 4 5 8 9	1 7 8	1 2 6 7 8 9	1 6 8	2 5 7 9	1 4 5 8

Puzzle-48

1 3 6 9	1 8 9	2 4 6 7 8	1 3 4 9	2 5 7 9	4 5 7	3 4 5 6 8	1 4	2 3 4 8 9
6 8	4 7	4 7 8	1 3 4 5 7 9	1 3 4 5	1 3 5	1 7 9	2 3 6 8	2 3 4 7 9
1 7 8 9	2 7	4 5 7	2 4 6 7 9	4 8 9	1 4 5 8 9	1 2 3 7 8	3 5 8 9	1 2 3 6 7
2 3 4 6 7 8	2 4 5 7 9	3 4 5 8 9	1 8	1 3 4 5 6 8	2 6 7	1 3 4 6 7	2 3 5	2 3 6 8
2 3 6 7	2 3 6	3 5 8	2 5 6 8 9	3 4 5 8 9	4 7 8	3 5 6 7 8	1 5 7 9	1 4 6 7
1 4 7 9	1 3 4 7 8	1 2 3 4 5 9	1 2 7	3 5 6 9	2 4 6	3 4 6	1 3 5 6 8	2 4 6 9
1 3 6 9	2 3 6 7	4 9	1 8	3 4 7	6 9	2 3 4	1 2 8 9	5 7 9
3 5 8	2 3 6 7 8	1 2 6 7	4 7 9	1 2 4 5 8	1 3 5 6 7	1 2 3 6 7	1 8 9	2 3 4 6 7 9
1 3 4 6 8	1 3 5 6 7 9	4 6 7 8	1 2 4 6 7 8	2 5 6 8 9	5 8 9	1 3 4	6 7	4 8 9

Puzzle-49

5 6	4 5 6 9	2 7 8 9	3 4 6	2 5 7 9	3 7 8	4 5 7 9	1 5 9	1 2 3 5 9
1 7	2 4 5	1 3 4 5 6 8	1 2 4 7 8 9	1 2 3 4 6 9	6 7 8	4 8	1 5 6 7 9	1 4 5 9
2 3 6 8 9	1 3 4 6 8	3 4 7 8	1 3 5 8	1 2 5 9	5 9	2 3 4 6 8	2 4 6	1 2 6 7
1 2 3 4 5 8	3 4 9	3 5 6 7 9	1 5 6 9	1 2 3 5 6 7 8 9	3 4 6 7 8	4 7	1 2 4 6	6 7 9
1 2 3 6 7 8	1 2	5 7 9	4 6	2 5 6 7 9	1 2 6 7	3 4 5 7 8 9	1 3 4 5 8	1 3 4 6 8
2 3 6 7 8	3 5 7 8	2 4 6 7 8 9	1 5 6 7	4 7 8 9	3 5 6 7 9	1 8 9	2 5 6 8	2 4 9
3 5	1 4 6 8	2 3 4 5	1 2 3 6	1 2 6	1 3 7 9	2 3 5 9	1 2 6	2 7
4 5 6 7 8	2 3 4 5 7 9	3 5 6	5 6	3 8	1 3 8	2 6	4 6 7	1 3 8 9
2 4 6	2 3 4 5 7 9	1 3 4 5	5 6 7 9	1 2 4 7 8	3 4 6	3 4 6 8	3 4 8 9	1 3 7 9

Puzzle-50

1 2 3 5 6 7 9	1 4 5 6 8 9	2 3 4 8 9	7 8	2 6 9	1 3 5 9	5 7 8 9	2 3 4 5 6 7	1 4 5 6
1 2 8	1 4 9	4 6 9	3 7 9	2 5 6 7 8	1 3 4 6 9	2 3 4	5 9	2 3 7 8
3 4 8 9	2 5 7 9	1 8	1 3 6 9	1 4 5 6 9	3 8 9	2 6 7 9	1 4 6 7 9	2 5 6 8 9
4 6 7 9	4 6 8 9	1 2 5 7 8 9	1 4 7 9	1 2 3 5 7	3 6 8	5 6	1 3 4 5 9	1 2 7
3 5 6	1 6 7 9	2 4 7 9	1 2 4 6 7 9	2 4 5 8	7 8 9	5 6 7 8 9	1 5 6	4 7
3 4 5 7	3 5 8	1 6 7 8 9	2 4 6 8	4 9	2 4 5 7 9	1 2 6 7	2 3 6	2 3 5 6 7
2 3 4 8 9	1 2 4 7	2 4 5 9	2 5 8 9	7 9	6 8	1 4	3 4 5 9	5 7 9
1 3 4 6 8	6 7	2 3 5 6 7 9	1 2 4 5 7	2 8	2 3 9	3 4 5 6 8	2 5 6 9	1 4 5 8 9
3 9	2 3 7 8	1 3 4 5 9	2 5 8 9	1 4 6 7 8 9	1 2 7 9	3 5 6	1 2 3 6 7 8	3 7

Puzzle-51

1 2 5 6	1 4 7 8 9	1 6 8	2 4 5 7	1 2 5 6 8	2 4 6 8 9	1 4 5 8 9	2 3 4 7	1 2 4 5 8
2 5 6 7	1 3 4 5 9	1 2 3 4 5 8 9	2 3 4 5 9	4 5 6 7	1 2 3 6 8 9	3 5 8 9	1 2 4 6 8	2 3 4 6 7
1 4 6 8 9	1 3 4 5 6 7	1 4 5 7 9	2 5 6 7 8	3 4 6 7 8 9	3 4 6 8 9	2 4 5 6 9	1 3 5 6 7 8	1 2 3 4 5 6
1 2 3 4 5 6 7 9	2 4 5 6	4 6 9	3 4 5 9	1 2 4 5 6 9	2 5 7 8	1 3 5	1 2 3 4 5 6	1 2 6 7 9
2 3 5 6 9	6 8 9	1 2 3 6 8 9	2 3 4 5	1 4 7 9	2 3	3 5 7	2 4 7 8 9	1 4 5 8 9
4 5 6 7 8	1 2 3 5 9	1 2 3 5 7	1 5 6 7 8	1 2 5 7 8	1 2 4 5 6 7 8 9	2 3 4 6 7 9	1 4 6 9	3 4 5 6 8
4 8 9	3 4 5 8 9	2 3 4 5 6 8 9	1 3 4 9	1 3 7	1 2 6	1 4 5 8 9	3 4 7 8	4 5 7 8
1 4 5 7 8 9	2 3 4 8	5 6 7 8 9	2 7 8 9	1 3 6 7	1 2 4 5 9	2 4 5 7 8	1 2 4 6 7 8	3 4 5 9
3 5 6 9	1 3 7	1 2 4 9	3 4 8	1 3 4 7 8	1 2 4 6 7 8 9	2 3 6 8 9	2 5 8	3 4 5 6 7 9

Puzzle-52

12679	12689	125679	2568	1789	34589	1357	14568	1358
4569	134567	13789	689	239	245679	1678	23478	12378
4567	1235678	2489	2368	234678	12679	469	2589	25678
1235	23459	35678	123478	149	3689	16789	345679	459
157	123	168	246	34679	4568	13579	567	234569
1245789	12689	145678	13478	35689	389	13489	13456	345679
123569	234568	124567	2569	128	45689	259	1246	135
1367	1345679	2578	145679	1347	2357	1356	23578	245689
3468	1679	1359	25689	3578	238	13567	4679	23567

Puzzle-53

34789	1479	1234567	1235689	12346	1248	12578	125	189
1378	1348	1245678	135678	2345789	234789	12348	24567	12479
125679	56789	349	128	12689	23489	3578	36	1567
489	123468	2478	4689	12367	238	2568	35689	245
4589	36789	234567	1234789	1289	125678	368	1267	1478
35789	24579	16789	4579	3459	2379	4569	458	1238
5679	125689	134569	1347	1579	178	3458	248	23678
15679	2457	127	1235	12345678	1356789	234569	123568	35689
234578	1245	1459	12359	23478	34578	345679	136	2689

Puzzle-54

125678	1468	12478	468	358	237	23479	169	13456
1245678	123456789	34589	34678	345689	156	1246	2469	345678
24789	34569	1345	13478	23579	24589	3489	1346789	567
6789	13478	23569	24579	235689	25	39	1345	125
46789	125	12459	1246789	246789	124569	34678	146	23789
23579	12578	379	125678	46789	12679	13479	156	1245
678	5789	148	12359	356789	124679	12689	2347	157
234789	12347	1345789	23679	1235679	5678	34689	2789	24569
1567	23569	1278	357	678	145789	25689	14579	2367

Puzzle-55

2 3 4 5 6 7	1 4 6 9	2 4 5 9	3 4 7 8	3 5 8	2 3 4 6 8	1 2 3 5 8 9	1 2 3 5 6 8	3 4 5 6 7 8 9
3 4	2 7	1 3 8	3 5 6 8	2 3 4 5 6 9	1 2 3 6 8	2 5 6 7 8	2 3 5 8	2 4 6 7 9
1 4 5 7	1 2 4 6 7 9	4 5 6 7 8 9	1 3 4 6 7 9	1 4 5 7 8 9	1 2 5 6 7 8	1 2 3 4 7	4 6 8	2 4 5 6 7 8 9
1 2 4 5 6 7 9	2 5 6 7 9	1 3 4 5 6 7 8 9	1 7 9	1 2 3 6 7	1 2 4 6 8	3 4 7 8	2 5 6 9	2 3 7 8 9
1 2 4 5 8 9	3 5 6 7	2 4 5 6 9	1 3 7 8 9	2 7 8	1 2 3 5	7 8 9	1 3 5 6 7 8 9	2 4 6
1 5 6 8	1 2 3 9	2 4 7 8 9	1 7	1 4 5 6 7 9	3 8 9	2 4 5 6 7	2 3 4 6 7	3 7 8
3 5 7 9	1 2 3 4 5 7 8 9	2 6 7 8 9	1 4 6 8 9	1 3 4 6 7 8	1 2 3 6 9	2 6 8 9	2 3 4 5 6 8	3 5 6 7
1 3 5 7 9	4 5 6	2 3 4 6 7	1 2 3 4 6 8	1 2 3 6 9	1 3 4 5 6 8 9	2 4 7 8	1 2 4 7 9	1 4 5 6
1 2 5 8	1 3 8 9	1 3 9	3 4 5 6 7 8	1 2 4 6	3 4 7 9	3 4 6 8	2 4 7 8 9	4 6 9

Puzzle-56

25789	267	389	12456789	2359	2345789	3578	2346789	14789
234568	15689	2345689	34689	15679	234568	23678	2579	2369
123489	1367	1459	12468	1245	2345678	23478	269	34569
23468	1249	27	123	15679	2345679	134679	789	13689
27	234	123589	123469	123678	1269	12345689	13457	467
2679	13567	12478	38	789	2459	2456	4568	23456
378	1278	469	25679	123689	134789	2489	136	1247
1279	1234569	23568	12579	489	12478	2459	12357	236789
235679	1235	3678	1234589	123459	12368	2456	247	135789

Puzzle-57

6 7 8 9	1 2 3 7 8 9	3 4 5 6 7 9	1 5 8	1 2 4 5 6	1 2 6 7 8 9	3 4 5 6 7 8	1 3 5 6	1 2 5 6 9
1 3 4 8	2 3 7 8 9	2 5 6 9	2 4 5 8 9	1 2 4 6 8	1 2 3 5 6 9	1 4 5 7	1 2 4 9	4 5 6 8
2 6 8	1 3 4 6 7 8 9	1 3 4 8 9	3 4 5 6 9	3 5 6	4 5 7 8 9	1 2 4 8 9	1 3 5 6 7	1 2 3 4 6 8
2 3 4 6 7 8	1 4 6 7	2 3 4 7 8	3 5 6 8 9	3 5 7	3 6	1 2 3 4 6 7	3 4 9	1 2 3 4 5 8
1 3 5 6 7 9	2 3 7 8	1 2 3 4 9	4 8	1 2 3 6 7 9	1 2 3 4 6 7 8 9	1 3 4 9	1 2 4 5 6 8	4 7 8
2 3 5 6 9	3 4 5 7 8	1 2 3 4 5 6 8 9	2 3 5 6	1 6 7 8 9	1 2 5 6 7 8 9	1 2 3 5 7	6 7 8 9	2 3 4 5 6
1 2 4 7 8	2 4 5 6	1 2 5 7 8 9	4 5 7	2 3	2 3 5 6	1 3 5	2 3 5 6	2 4 9
1 2 3 7 9	1 2 4 5 7	2 4 5 6 8	2 4 6	2 3 5 7 9	1 3 4 6 7 9	2 3 5 7 8 9	1 2 4 6 8 9	3 4 7 8
1 7 9	2 3 4 6	1 2 3 5 7	1 3 4 5 6 8 9	2 6 8 9	3 5 7 8 9	2 3 8 9	3 4 5 7 8	1 4 5 6 9

Puzzle-58

1 2 3 5 8 9	3 4 6 8 9	3 4 9	1 2 3 4 5 7 8	3 4 5 6 7	1 3 6 7	1 4 5 6 8	3 7 8	1 2 6 7 8
1 2 4 5 6 8	1 2 9	6 7	3 5 7 8 9	2 5 9	4 6 7 8 9	1 6 8 9	1 2 6 7 9	1 2 4 8
1 2 3 4 5 8	3 4 7 8 9	7 9	1 8 9	1 3 4	1 2 4 5 6 9	2 3 4 5 6 8	2 6 8	1 5 6 7 8 9
1 2 3 5	2 3 5 7 8 9	1 2 3 4 5 6 8	1 4 5 6 7 9	4 7	2 6 7 9	3 4 5 7 8	4 8 9	1 4 5 6 9
3 4 5	2 4 8 9	4 6 7 8 9	5 7 8	1 2 3 7 9	1 3 4 7 8 9	3 5 6 9	2 6 9	1 2 4 6 9
3 9	1 3 5 6	1 2 3 5 6 8 9	2 8 9	1 2 3 4 7 8	1 2 3 4 5 6 9	1 3 6 7 9	2 4 5 7 8	1 2 4 7 8
7 8 9	2 4 9	1 2 3 7 9	1 2 5 6 8	2 4 5 6 8 9	4 6 7 8	3 4 5 8	2 3 5 6 8	1 2 3 6 7 8
2 3 4 6 7 8	2 3 4 7 8 9	1 2 3 4 5 9	2 3 4 5 6 7 8	1 3 4 5 8 9	5 6 7	2 3 5 8	1 2 3 7 9	2 3 4 6 8 9
1 4 5 6 7 9	1 2 5 6 7 8 9	2 3 5 7 8	2 3 4 7 9	1 5 6 9	2 5	2 5 6 8	1 4 5 9	2 5 7 8 9

Puzzle-59

2 3 4 6 7 8	3 4 8	1 3 6 8	1 2 3 5 8 9	1 3 4 6 7 8	1 3 5	1 4 6 7 9	1 3 7 8 9	5 6 7
3 6 7 9	1 2 5 6 8	1 2 3 4 9	2 3 5 6 7 9	5 7 9	2 4 6 7	3 4 7 8	1 2 4 6	1 2 4 5
2 3 4 9	2 5 6 7 8 9	1 2 4 5 6 8	2 4 5 8 9	1 2 3 4 5 6 9	1 3 4 6 7 8 9	1 2 3 5 6 7 9	1 2 7	3 6 7 9
1 2 5 6 9	7 8 9	2 3 4 8 9	1 3 4 8 9	1 3 6 8 9	3 4 6 7 9	3 5 8 9	4 7 8 9	1 2 5 6
1 4 8	4 7 9	2 5 7 8	2 6 7	1 2 6 7 9	1 2 5 9	4 6 7 8	2 3 5 6 7 8 9	1 4 6 8
1 4 5 6 9	1 2 3 4 6 7 8 9	4 6	2 5 6 7 8	2 3 4 5 9	2 5 7 8	2 3 4 6 7 9	2 3 5 9	1 4 5 6 7
4 6	1 2 4 5 7 9	2 4 6 9	5 8 9	1 4 5 7 8 9	1 3 5 8	1 2 3 5 8	4 6 8 9	1 2 3 9
1 7 8 9	1 4 6 7 8	1 3 6 7 8 9	1 3 6 9	1 2 5 7 8	1 3 4 8 9	2 4 6 9	3 5 6 7 8 9	4 5 8
5 6 8	1 3 4 5 6 8 9	1 3 6 7 9	1 3 4 5 8	1 3 5 6 7 8 9	1 2 3 5 9	1 3 5 7 8 9	4 6 7 8 9	1 3 7 8 9

Puzzle-60

1459	134689	2469	14789	1235679	123589	1237	134678	13468
14678	126789	25789	2346789	2345789	15689	13689	1678	123569
127	234578	1269	123567	1456789	23468	13479	1368	235689
123467	36789	1258	1245	12589	23467	23479	4689	1236
12457	567	25678	134679	235689	2469	1469	57	237
2479	23468	12589	123679	1469	2678	125678	14689	279
179	1279	459	235	35689	1389	3568	24567	189
13678	89	1234	3456789	1345679	1579	45	24579	3679
1237	12568	123456789	26789	12346	479	13679	2345689	134

Puzzle-61

5 7 8 9	1 2 3 7	3 4 5 8 9	1 2 4 9	1 4 6 9	1 2 3	1 3 4 6 7 8	1 3 8 9	2 3 4 6 8
1 2 7 9	2 3 4 5 7 8 9	4 5 6 7 9	2 3 5 6 8	2 6 7 8 9	1 4 6 7 8 9	2 3 4 6 7 9	1 2 5 8 9	3 4 5 8
1 3 4 5 6 7	1 3 5 9	1 2 5 6 8	1 2 3 4 5 6 7 8	1 3 8 9	2 6 7 8 9	2 3 5 9	4 5 6	1 2 3 4 7 8
1 2 3 4 5 8	2 7 9	1 2 4 6	2 3 4 6 8 9	1 7	3 4 7 9	4 7 9	1 2 4 5 9	1 2 3 5 9
2 3 4 7	3 8 9	1 3 4 5 7 8	1 2 3 4 5 7 9	1 3 4 5 7 9	1 2 3 4 9	3 4 8	1 2 5 6 8 9	1 6 8 9
1 3 7 8 9	3 5 7	1 5 6 7 9	6 7 9	1 2 4 7 9	1 3 6 7 9	2 6 8 9	2 3 4 6 7 9	3 4 5
1 6 7 9	1 2 3 5 6 8	4 6 8 9	3 6 7 9	4 8 9	4 7 8	1 2 4 6 7	2 3 6 7 8	2 3 4 5 9
1 2 3 4 5 6 8	1 7 8	3 4 7 8 9	1 2 3 7 8	1 4 8 9	5 6 7 8	1 4 6 8	1 3 5 6 8 9	6 7 9
1 4 5 6 7 8	2 4 5 6 7 9	1 2 5 6	1 2 5 8	2 3 4 7 8	1 2 4 5 6	2 3 4 7 8	2 3 4 5 7 8	1 3 7 8 9

Puzzle-62

12348	124789	134569	23478	269	1234689	1347	2459	456
1234579	236	12358	123469	14	13567	1345789	23789	1268
1245789	3579	1456789	24679	2478	236	3458	123578	25689
1345789	13579	12478	13457	456789	2359	1469	2678	135789
1468	1247	23469	23589	134578	246789	12379	27	458
145679	1267	234678	346789	46789	15678	13589	36	1469
2689	4569	2356	12789	1349	12369	14789	2358	135679
12378	12469	35678	14689	158	1467	12356	367	135679
2468	137	12789	1368	267	148	1249	145678	34569

Puzzle-63

3 6 7	5 7 8	4 6 7 9	1 3 7	2 4 8 9	1 4 5 8	2 3 5 6 7 9	3 4 6	2 4 5 6 8 9
2 3 4 7 9	1 2 9	2 4 5 6 7 9	3 6 9	1 7 8 9	1 2 3 5 6 8 9	1 5 6 8 9	1 2 7 8	1 2 3 6 9
3 4 5 6 7	1 2 4 5 6 7 8	1 4 5 6	1 2 4 5 6 7 8	1 4 6 7	1 2 3 5 6 9	1 2 3 4 6 9	3 6 7 8	1 2 5 6 7
1 2 9	2 3 5 6 8	1 2 5 7 8	2 4 5 7 9	1 2 3 8	1 2 3 4 5 7 8 9	1 4 6 8	3 4 5 9	1 2 6 8 9
2 3 6 7 8	1 6 7 9	1 3 5 6 9	1 2 3	4 5 6 7 9	1 3 6 7 8	2 4 6 7	1 2 7 8	3 4 7
1 2 6 8 9	1 3 4 5 7	1 3 4 6 8	1 2 3 6 7	2 5 6 7 8 9	5 7 8	1 4 5 6 7	1 3 4 9	1 2 3 4 7 9
1 2 4 6 7 8	1 4 5 7	2 3 4 5 8	1 3 4 5 6 7 8	6 7	1 2 3 4 8	7 8 9	2 4 6	2 6 8 9
1 4 5 6 9	1 2 3 5 6 7	2 3 5 8 9	2 4 5 6 7	2 3 6	1 5 6	1 5 7 8 9	2 3 4 6 8	1 3 4 5 8
1 2 5	1 2 4 5 7 8	1 2 3 4 5 6 7 8	4 5 8 9	3 8 9	1 2 3 7 9	1 2 3 4 5 6 9	1 2 6 8	2 3 9

Puzzle-64

12347	45689	12678	134578	12368	149	12367	3459	12345678
1358	12568	789	1467	2459	348	13578	479	34578
24689	13468	239	2356789	234578	123689	1256789	13456	479
146	1234	23789	2789	124578	5789	1356	1235679	189
13456789	25689	23456789	349	126	45678	34568	23479	12378
129	3458	24579	13567	135678	2349	23467	3479	2478
129	1234578	1478	2489	124679	3578	367	489	3479
1348	1569	1246	1679	124567	1349	12568	1689	1256789
4678	24679	257	13478	3578	256789	23456789	147	167

Puzzle-65

1 2 3 8 9	2 4 9	1 3 4 5 6 7	6 7 8 9	1 3 4 6 7 8 9	1 2 4 5 9	3 4 5 6 8 9	1 4 5 6 8 9	3 6 8
1 6 7 9	1 6 8 9	1 2 8	2 3 5 7 8	2 3 4 7	2 3 5 8	2 3 5 6 7 8 9	2 4 7 8	1 5 6 9
2 5 7 9	3 4 8 9	1 2 4 7	2 3 4 6	2 3 4 5 6 8 9	2 3 6 7	1 2 4 6 8 9	3 4 6 7 8	1 2 4 6 7 8
2 3 4 7 8 9	1 2 4 6 7 8	1 2 3 4 5 8	1 2 4 6 7	2 5 6 9	2 6 7 9	2 4 5 8	2 3 4 8 9	4 5 6 7
1 9	1 4 9	1 2 4 8 9	1 2 3 6 7 9	1 5 7 9	1 3 4 7	1 2 3 7 8	2 6 8 9	1 2 3 4 6 8 9
2 5 6 8 9	2 4 5 6 7	2 5 8	2 3 4 5 7 8	1 2 3 4 6 8 9	2 7 8 9	1 2 3 5 9	2 3 6 7 9	1 3 4 7 8
1 2 4 8 9	3 6 7 8	1 4 6 7 9	3 4 5 6 7 9	1 2 3 4 6 9	1 3 4 7 8	1 3 6 7	4 5 6	1 2 4 6 7 9
1 3 4 7 9	3 6 7	1 2 3 4 5 6 9	1 6 9	6 7	4 6 7	3 4 5 8 9	3 5 6 8 9	2 3 4 5 7 8 9
3 4 6	2 3 4 5	4 5 6 7 9	1 3 4 7 8 9	1 2 4	1 2 3 4 7 8	1 2 3 9	1 3 5 8 9	2 3 4 7

Puzzle-66

15678	2347	24578	124578	1234689	1469	2789	1235679	48
2345689	46789	1237	234569	268	23469	4567	1279	135789
1489	1234579	235789	1234678	5679	38	12469	1468	123458
12369	456789	12378	134589	24578	12679	245	468	1347
46789	24679	124567	369	128	156	134	14679	13456
15679	389	1268	46	345789	14679	124678	14579	16789
356789	34578	1345	245689	145689	35679	368	1234578	2489
235689	12459	4568	3489	234567	3789	1389	234678	2379
14678	145	12389	147	178	134	34679	25689	2379

Puzzle-67

34578	145689	124689	3469	459	2569	4679	124589	134568
279	378	28	34567	46	12389	356	1348	139
15678	148	4579	2468	1256789	235789	25689	1234569	1234589
2456	15678	1369	3489	34567	467	15789	12	134678
13468	2359	16789	13456	1238	34569	124678	35678	34567
123568	125689	1469	24678	24569	123569	1789	2347	23678
2345689	124567	13567	369	13456	123789	236	247	13469
239	34789	23458	1234567	235678	46789	145689	25678	1479
1458	2467	267	2345679	135789	2459	12349	1589	234569

Puzzle-68

2 3 4 5 8 9	4 6 9	1 5 6 8 9	1 3 5 6 7 8 9	1 2 4 5 7 8 9	1 4 6 7	2 6 7	3 5 6 7 9	1 2 3 6 7 9
1 2 3 4	2 4 5 9	1 2	2 3 5 6 7 8 9	1 2 3 4 5 6 8	3 5 6 9	1 4 6 8 9	2 4 5 9	1 2 3 4 7 8 9
1 2 4 5 6 7	3 4 7 9	1 2 3 4 6 8	1 3 6 8	1 2 5 6 7 8	2 3 4 5 7 8 9	3 4 6 7	2 3 4 7	1 6 9
2 3 4 7 9	1 3 4 6	5 8	1 5 7 9	1 2 3 5 6 7 8	5 6 8 9	5 8	1 2 3 4 5 9	4 8
2 4 6 9	1 2 4 7 9	2 3 4 5 6 9	2 4 7	2 4 5 7 8 9	1 2 5 8 9	3 4 5 7 9	1 2 6 7 8	4 5 6 7 8 9
1 4 6 8 9	1 2 5 6	5 6 7 9	1 2 3 4 6 7 8 9	1 2 5 7	1 3 4 5 8 9	2 3 4 5 8 9	1 2 7 8 9	1 3 5 6 8
2 4 5 6 7	4 7 8	1 5 6 9	3 4 5 8	2 3 6 9	2 6 7 8 9	1 2 4 7 8 9	1 2 5 6 8 9	2 3 4 5 9
1 2 4 5 8 9	2 5 6 7 8	3 9	1 2 3 4 5 6 9	2 3 7	1 2 6 7 8	2 4 6 7	2 4 8 9	2 3 4 7 8
3 4 7 8 9	2 3 5 7 8	1 4 7 8 9	1 2 4 6 7 9	3 5 8	1 2 4 5 6 9	1 2 3 9	1 3 5	2 3 4 5

Puzzle-69

45679	12678	123689	2478	1279	24579	1256789	1234	5689
145	3456	12458	124789	2467	14689	1689	578	1379
1459	2357	145789	2378	1245689	23569	13456	4567	2356789
2389	4568	168	359	469	2389	2468	134578	1234679
68	1789	15678	1259	128	2346789	12345679	145678	689
13567	1235679	124567	3456789	1369	1235678	13479	135678	1258
23469	12789	25689	23679	1568	24579	245	3469	146
12479	123678	47	3489	24589	147	12678	2567	23459
2346	4567	12567	13678	234567	123689	2578	123589	1234568

Puzzle-70

2 4 5 7 9	2 3 9	1 2 4 7	5 6 8	3 4 6 7 9	1 4 6 8 9	1 2 5 7 8	2 3 4 7 8 9	2 3 5 6 8
1 2 4 6 9	1 3 5 6 7 8	1 2 5 6 8 9	1 2 3 4 5 9	1 2 3 8	1 2 7 8 9	1 3 4 5 6 7 9	3 4 6 8	1 3 4 5 6 7 8 9
1 2 5 6	2 4 6 8	2 4 5 7 8	2 6 8	3 5 6 7 8 9	1 2 4 5 6 7 8 9	1 2 3 4 5 8	1 3 4 8 9	2 3 4 5 6 7 9
1 2 6 8	2 3 5 6 7 8 9	3 6 8 9	1 2 3 7	2 3 9	3 8	3 4 6 7 9	3 4 5 7	1 4 5 6 7
1 3 4 5 6 7 8 9	4 6 7 8	1 3 5 6 8 9	3 5 6 8 9	1 2 4 5 6	2 3 4 8	1 6 7 9	1 5 6 7 8	1 5 8 9
2 4 5 6 8	1 2 7	3 7 8 9	1 2 6 7 9	4 6 9	1 5 7 8	1 2 7	1 3 7 9	1 2 5 6 7 8 9
1 3 7 9	5 6 8 9	5 7 8	2 4 5 6 9	2 3 6 7 9	1 3 4 6 7 9	1 3 4 5 6 9	2 3 4 7	1 2 3 4 6 7 9
6 7 9	1 2 6 7 8	1 3 4 8 9	1 2 8	1 4 7 8 9	1 3 5 6 8	1 4 7 9	1 3 5 6	1 2 3 4 5 6 8
3 4 6 8	1 4 6 9	1 3 7 8 9	1 2 6 7 9	2 4	3 5 6 7 8	1 4 5 6 7 8	2 3 5 6	3 4 5

Puzzle-71

26789	1234569	2468	2389	35678	14679	12367	14568	169
2458	2569	346	12458	23568	1256789	1247	12679	1468
3478	158	2345789	23569	345678	56789	3678	246789	1267
345789	23489	234569	257	2357	145	17	2349	346789
12478	34569	245679	1789	2389	2478	1236789	23456	12345679
56789	12469	23789	35678	1237	12678	3458	18	2456789
238	136	1468	4679	12789	1349	1578	4589	2345789
1234569	2369	124589	135789	478	12479	124589	345679	1346789
3458	1345789	345679	34589	678	12368	23458	1235	1389

Puzzle-72

15678	13469	368	12459	12367	1247	35789	13789	12679
123478	345689	12578	1479	1479	1269	2345679	12679	1389
136789	1457	2689	79	126789	24567	12379	1348	789
235679	23467	456	12459	27	2578	34589	1358	136
345789	236	125679	1245678	126789	23489	135789	1347	13578
1347	234589	12389	13579	145689	1258	2456	12359	48
123456789	134568	1234579	34578	1345679	234679	146789	89	1246789
124589	123467	1348	2356789	135678	1257	146	1256789	1568
378	14678	12345678	1678	18	15679	246	1357	123467

Puzzle-73

123679	3456789	2345789	45689	2679	35	57	789	13589
189	2357	347	134578	1234789	1478	12467	1235679	135689
268	2348	125678	123468	1245679	134679	123459	13459	12456
12348	245679	2356	12568	234568	12347	5679	345	1245678
123478	123489	12478	12589	1379	36789	1234567	135689	12389
1257	12458	2345679	13467	14	12345678	14568	12489	123569
23458	1367	1248	1568	1256789	1345679	128	146	1348
1267	14	134679	25678	1367	134689	357	35679	123458
147	12679	1245678	1689	134568	124579	1234579	12589	89

Puzzle-74

1 3 4 6 9	3 4 7 8	1 2 4 6 8	1 3 4 5	4 5 6 9	1 3 5 9	1 2 3 4 5 7 8	1 3 4 6 8 9	2 3 5 8
3 4 8 9	1 2 5 6 9	1 2 4 6 9	1 2 3 5 9	2 3 4 5 6 7	2 4 5 7 8 9	1 4 5 7 8	2 3 5 7 8 9	1 2 3 5 6 9
1 2 4 5 6 7 9	1 2 5	3 4 5 6 7	2 4 5 6 7	4 5 7	1 2 3 4 5 9	1 3 5 7 8 9	2 4 5 6 7 9	1 3 4 5 7
1 2 4 8	1 2 4 5 8 9	5 6 7 8 9	2 4 5 6 8	3 4 5 6 7 9	1 3 7 8 9	1 3 5 8 9	1 2 5 6 7	1 3 4 5 8
1 2 6 9	1 2 5 6 8	2 3 7 8 9	3 5 9	1 4 8 9	3 4 5 6 7 8	2 4 5 6 7 9	2 3 5 6	1 3 5 6 8 9
2 4 5 8	2 3 7	2 3 4 7	2 6 8 9	1 3 4 5 6 8	2 4 6 7 8	4 7 8 9	1 2 3 6 8 9	1 2 4 5 7 9
1 2 3 8	5 7 8	1 3 4 5 8 9	2 3 4 5 8	1 2 3 5 7 8 9	1 4 6 8 9	2 7 9	1 4 6 7 8 9	3 4 7 9
1 4 7 8	1 5 6 7 9	3 4 6 8	2 5 6 7 8	2 4 5 7 8	1 3 6 8 9	2 3 6 7	1 3 7	2 3 4 5 7
1 2 9	4 5 8 9	1 2 3 5 7 9	1 3 7 8	1 2 8	2 3	1 3 4 6 8 9	2 6 7 8	3 5 6 9

Puzzle-75

3 5 6 7	1 2 3 4 7 9	3 5 6 7	1 4 6 8	2 3 4 7 8	1 2 3 4 6 8 9	1 2 3 4 5 6 9	1 2 4 5 6	1 3 4 5 6
4 6 8	1 2 3 4 5 7	2 4 5 6	3 7 8 9	1 3 6 8 9	3 4 5 8	1 2 3 8 9	4 5 8 9	1 2 3 6
1 4 6 9	1 3 4 6	2 5	1 2 5 6 9	1 2 3 4 6 7 8	1 3 6 8 9	1 5 7 9	1 3 5 8 9	1 2 3 9
2 5 7 8 9	1 2 3 4 7 8	1 2 5 6 7 8 9	2 3 4 5 6 8	1 2 5 6 8	4 5 6	1 2 3 4 5 6 8 9	1 2 5 6 7 9	2 3 4 5 6 7
3 6 8 9	2 3 4 5 6 7 8 9	4 6 7 8	1 3 4 5 6 7 8	1 2 6	1 2 6 7 8	1 4 5 7 8	1 2 3 4 7 9	7 8 9
1 3 5 6 7 8 9	2 5 6 7	1 4 5 6 8	4 5 6 8	1 3 4 5 9	1 3 6 7 8 9	1 3 6 7 8	1 2 4 7 8 9	2 4 5 6 7
1 2 4 7 9	2 5 7	2 3 5 6 8 9	1 2 3 6 7	4 5 6 9	3 5 6 8	1 2 7	1 2 3 5 7 8 9	1 3 4 5 6 7 8
4 6 9	1 5 7 8 9	2 3 4 7 8	2 4 5 6	2 6 7 8	1 2 3 8 9	1 2 3 5 6 9	1 2 3 5 6 9	2 6 7 8
1 3 5 6 7 8	3 6 7 8	3 4 5 6 9	2 4 5	1 4 5 9	4 6 7	2 4 5 7 8	1 2 3 5 6 8	3 4 7 9

Puzzle-76

1 2 5 7 9	1 3 7 8 9	2 4 5 6 7 8 9	1 3 4 5 9	4 5 6 7 9	2 3 4 5 8 9	2 8 9	1 2 5 6 7 8	6 9
2 3 7	3 4 5 6	1 2 3 4 6 7 8 9	3 5 6 7 8	2 3 5 7	4 7 8 9	2 4 5	3 6 8	2 3 4 5 6 8 9
3 4 5 6 8 9	2 3 5 8	1 2 3 5 6 7 9	3 5 8	3 4 5 6 7 8	1 2 3 6 8 9	3 4 5 6 7 8 9	1 8 9	2 4 6 7
1 2 4	2 6 9	3 4 5 6 7 8	1 2 3 4 5 6 7 9	1 2 4 6 7 8 9	1 2 4 5 7 8	1 2 3 7 9	2 3 5 8 9	2 3 7 8
1 2 3 4 5	4 9	2 3 5 7 9	2 4 6 7	2 4 5 7 8 9	1 3 4 5 6 9	1 2 8	2 4 6 7 8 9	1 2 3 5 7 8 9
1 3 5 6 9	3 8	1 3 5 7 8	1 3 5 7 9	1 2 4 5 9	1 5 6	4 7 8 9	1 2 5 7 8	1 2 3 4 5 7 8 9
1 2 3 4 5 8 9	1 2 3 4 5 7 8	2 3 4 5 6 9	1 2 6 8 9	1 2 5 6 7 8 9	1 2 3 5 6 8 9	1 3 6 7	1 2 4 5 7 9	3 5 7 8 9
2 4 6 8	4 5 6	2 6 7 8	2 3 5 6	1 3 4 7 8 9	1 3 7 8 9	1 2 3 4 6 7 9	1 3 4 5 6 8 9	1 2 3 8 9
1 2 3 4 5	2 3 4 7 8 9	1 2 4	1 2 3 5 9	2 4 5 6 9	3 4 6 9	3 4 5 6 8	4 5 6 7	1 4 6 8 9

Puzzle-77

45789	269	2368	12346	134	124567	14579	12479	4569
24569	15689	14569	2578	124567	3679	35789	13568	1257
2369	15679	17	1689	1469	126	12345789	34589	2367
12467	39	12356	3568	135689	2568	145678	23569	34579
1278	1237	12578	3468	2569	14579	345689	12346789	13457
4567	2389	123467	2789	1235789	12459	23479	25789	124578
12456	2345789	145678	13578	89	1345678	23789	123459	125789
156	4579	12356789	469	3458	23479	2359	1567	23578
678	1258	13457	1268	1279	124689	12468	236789	12456

Puzzle-78

3 4 6 7 8 9	3 4 5 6 7 8	1 3 5 7 8 9	2 3 6	1 2 4 5 6	1 5 6 7	1 2 3 5	1 2 3 5 9	1 4 5 6
5 6 9	1 2 4 5 7 9	1 2 3 4 8 9	3 4 5 7 8 9	3 5 7 9	3 9	2 6 8 9	1 2 3 4 5 7	2 3 5 6
1 3 5 6 8	2 3 4 5 6 7 9	1 2 3 4 6 8 9	1 2 7 8 9	3 7 9	1 4 7	1 2 3 5 6 7 8	1 2 3 6 7 8 9	2 3 4 5 7 9
2 3 4 6 7 8 9	2 3 4 5 6 7 8	1 2 3 4 6 9	3 5 7 8	1 3 4 6 7	1 4 7 8 9	1 3 4 6 8 9	2 6 7 8 9	3 6 9
2 5 6 8 9	1 6 8	1 2 3 4 5 6 7 8 9	1 2 8 9	1 2 3 4 7 8	1 2 3 7 8	3 5 6	2 3 4 5 6 7 8	1 2 8
3 4 7 8	1 6 7 8 9	1 2 7	4 5 6 8	1 2 4 6 7 9	3 5 9	1 2 6 7 9	1 3 5 7 8 9	2 3 4 7 9
1 2 4 6 7 8 9	1 4 5 6 8 9	1 3 5 6 7 8	2 3 4 5 9	1 3 4	2 4 5 7 8 9	4 5 6 8 9	1 3 4 5 6 8	2 4 5 6 7 9
1 2 3 4 5 6 9	1 3 5 6 7 8 9	1 2 5 6 8 9	1 5 6 9	1 2 3 4 5 6 8	2 3 5 6 8 9	2 6 7	2 3 5 6 7	1 2 3 6 7 8 9
2 3 7 9	1 2 3 5 6	1 2 3 5 7	3 5 8 9	3 4 8	2 3 4 5 9	2 3 6 7 8	2 3 4 5 6 9	1 4 6 7 8

Puzzle-79

1 6 9	2 3 4 5 7	1 3 4 5 7 9	2 6 7 9	1 2 4 5 8 9	1 3 4 5 6 9	3 6 7 8 9	1 3 5 6 7 8 9	1 5
1 5 6 7 8	1 2 3 4 5 6 8	1 2 3 6	1 5 6 8	4 6 7	1 3 4 5 7 9	2 3 6 7 8 9	2 3 5 6 7 9	1 3 4 5 7 8 9
3 9	1 2 4 5 7	1 2 3 4 5 6 7	1 2 3 4 6 8	6 9	4 6 7 8 9	1 2 3 5 9	1 4 5 6 7 8	2 4 5 7
4 6 7 9	3 4 5 7 9	1 4 6	1 4 5 6 7 8 9	3 4 5 9	1 2 3 5 6	1 3 4 8	1 2 3 6 9	1 2 5 6 9
1 2 3 4 5 7	2 3 9	1 2 4 7 8	4 6 7	1 2 3 8 9	1 2 6 8	6 7 8 9	1 6 7	6 7 9
1 3 6 8 9	1 2 6 7 8 9	1 2 3 4 6 7 9	3 5 6 7 9	2 3 4 7 9	2 3 4 5 6 7 8	1 8 9	2 4 5 7 8 9	3 7 8
1 3 4 5 6	1 2 3 5 7 9	3 4 7 9	2 6 8	3 7 8	1 4 6 8	1 4 8	1 2 3 4 5 8	2 4 6 8 9
3 8 9	2 3 4 5 6 8	1 6 7 8	2 3 4 5 6 8 9	1 3 5 7 8 9	1 4 5 6	1 2 4 5 6 7	2 7 9	2 3 4 5 6 7 8
1 2 3 4 8 9	1 2 3 6 7 8 9	1 2 3 4 9	1 2 4 5 8 9	1 2 3 4 5 6 8	1 2 3 4 5 7 8	1 5 8 9	1 4 7 9	5 6

Puzzle-80

1 5 6 9	2 4 7	1 4 5 6 7	1 3 4 5 8 9	1 3 4 6 7 9	1 3 4 6 7 8 9	3 4 5 6 9	1 3 7 8 9	1 2 3 4 5 6 7 8 9
2 3 4 7 8	2 3 6 8 9	4 6 9	2 5 6 7	3 4 7 8 9	1 2 4	2 3 4 5 9	1 6 7 8 9	2 4 5 6
1 4 7 9	6 7 9	1 4 5 7 8	1 2 4 5 6 7 8 9	2 3 4 5	4 9	2 3 7 8	4 5 7 8 9	2 3 4 5 6 9
2 6 7 9	1 2 3 7	2 3 4 5 6	2 4 6	1 4 7 8 9	2 7 8 9	1 2 4 6 7 8 9	1 2 4 5 6 7	3 4 5 8
1 8 9	2 3 5 8	4 8 9	1 2 4 5 6 7	1 3 4 5 6 8 9	1 2 3 5 6 7 9	4 6 7 8	2 3 5 7	1 3 4 7 8
1 2 3 4 7	1 4 5 9	1 3 5 6 7 8	2 4 7 8 9	2 4 5 7 8	1 4 8	1 2 3 7 9	1 2 3 4 7	5 6 7 8 9
1 2 3 6 7 9	1 2 3 4 5 6 8 9	1 2 3 4 8 9	1 3 7 8 9	1 4 7 8	3 4 5 7	2 4 5 6 7	1 4 6 8	1 2 4 5 6 8
1 2 5 7 8 9	1 3 4 7 9	1 2 5 7 9	1 3 6	1 3 4 7 9	1 2 5 6 7 9	2 3 4 5 6 8	2 3 5 6 7 8 9	1 2 6 7 9
3 4 6 7 8 9	2 5 7 8	2 4 5 6 7 9	3 4 6 8	1 6 8 9	2 5 7 8 9	3 5 6 8	5 7 8 9	5 6 8 9

Puzzle-81

2356	1269	459	134589	1246	1237	1679	48	3478
269	15678	238	178	67	369	234	2345689	23456
468	12347	5678	24789	389	137	123579	256	3568
34578	789	38	247	14578	2348	36	469	19
5679	1239	458	1249	345789	5679	1245678	267	368
456	1348	149	3478	2569	37	3469	69	469
35679	1234689	259	1569	1234689	234679	123489	123	13467
1459	2689	23578	157	156	147	36	25689	358
13568	5678	1267	12367	1367	39	13567	1348	25678

Puzzle-82

6 7 9	4 5 8 9	2 5 8 9	1 3 9	1 2 4 5	2 3	3 4 5 8 9	2 3 4 5 6 7	1 2 6 9
2 3 4 5 6 7	1 4 5 6 7	1 2 4 5 6 7	1 5	2 5 8 9	3 4 6 8	1 2 3 7 8 9	1 2 3 9	3 8
2 3 9	1 2 4 5 8 9	1 2 3 4	2 3 7	3 7 8 9	2 6 8	6 8	1 2 4 6 8	1 3 4 5
1 3 4 9	2 6 8	1 3 6	5 8	3 4 8 9	5 7 9	1 2 5 7 8 9	1 2 3 4	1 2 7 8
5 7 9	2 7 8 9	5 7	3 6 7 8	3 4 5 7 8 9	3 5	3 6	3 5	1 6 9
2 3 5 6 7	1 4 6 7	2 3 6 7	1 4 6 9	2 3 7 8	3 4 5 8	4 5 8 9	1 2 4 9	4 6 9
1 4 5 6 8 9	2 3 5 6 7 8	4 8	1 2 3 4 5 6	3 6 8 9	4 5 6 8 9	1 3 4 5 6 7	3 6 7	2 4 6 9
2 4 5 8	3 6 8	4 5	2 3 4 5	6 8 9	1 4 9	4 5 6	1 2 5 6 7 8	1 2 3 8 9
2 6 8 9	1 4 6 8 9	1 2 6 7 8	4 5 6 9	2 3 4 5 6	1 3 4 7	1 5 7	2 3 7 8	2 3 6

Puzzle-83

2 3 5 7 9	2 3	4 5 7	2 3 4 7 8 9	6 9	2 3 6 8	1 5 7 9	3 4 5	1 5 7 9
1 2 4 5	2 4 6 8	4 5 7 8 9	5 7 8 9	3 5 7	2 6	4 6	7 9	4 6 7 9
1 4 5 6 8 9	3 4 5 6 7 9	2 4 6 7 9	1 6 7 9	1 2 3 5 6 7 8	1 8 9	1 5 6 7 9	3 5 6 8 9	2 4 5 6 9
1 6 8 9	1 4 9	1 2 3 5	2 3 4 6 8 9	2 3 4 5 6 7 8	1 5 6 7	1 3 4	4 7 8	3 8 9
2 8 9	1 2 3 4 5 9	1 2 4 9	2 4 6 9	3 7 9	2 3 7 9	4 5 7	3 5 6 8	2 4 5 6 8 9
1 4 8 9	1 5 6 9	1 3 6 7	6 8	2 9	3 6 7	5 6	1 7 9	1 2 6 7
3 4 5 7	1 5 7 9	1 2 5 6	1 4 5	1 2 4 7 9	4 5 6 7 9	2 4 7 9	2 8	3 5
2 4 6 7 8	1 4 5 6 9	3 5 6 7 8	4 9	1 3 5 8	2 3 4	2 5 6 8	1 7 8 9	1 2 3 6 8 9
2 4 5 7 8 9	3 4 7 8	5 8	3 5	1 3 4 8 9	2 5	1 3 5 7	2 3 4 6 7	1 2 3 6 9

Puzzle-84

345678	2458	134789	456	2567	234689	1234679	1679	2479
3679	4589	2469	2679	2358	67	3689	346	1237
15689	3568	567	12378	3568	49	37	12379	24579
679	24589	478	246	168	1347	345689	146	23589
34568	13489	35678	5678	3457	15679	1279	24678	4578
24	156	6789	12346	1589	47	46	25	267
12459	45678	157	89	127	3568	1234789	38	35789
1578	1246	23568	467	5689	179	37	367	125678
23689	1379	3678	1389	579	2789	236	14	3679

Puzzle-85

2 4 5 7 8	3 9	1 2	1 4 6 9	2 4 6	1 2 5 7 8 9	2 4 8 9	4 5 7 8	1 4 5 6 7 8 9
1 2 3 6 8	1 4 5 6 9	1 2 4 6 8	2 7	2 3 4	1 2 5 6 7 9	2 3 4 8 9	4 5 6 9	4 5 6 8
4 9	1 2 3 6	2 3 5 7 8 9	2 4 7 8	1 6 7 8 9	1 5 6 9	1 2 3 6 7	1 5 7	2 3 4 5 6
3 4 6 7	4 8 9	1 2 4 6	2 3 4 7	3 4 6 7 9	1 2 3 4 5 7	3 4 5 6 7 8	1 6 7	4 8 9
2 3 6 7 8 9	3 4 6 7 8 9	2 5 6 7 8	4 5 8 9	1 2 3 6	2 5 8 9	2 3	1 2 5 6	2 5 6 7
2 3 4 6 8 9	2 3 4 7	1 2 4 8	1 3 8 9	2 3 5 8 9	3 4 7 9	3 6 8 9	1 3 8 9	2 4 5 6 7 8 9
4 5 6 7	2 5 9	2 3 7 8 9	1 2 3 5 9	1 2 3 6 8 9	2 3 6 9	1 2 5 6 7	1 4 5 6 9	1 2 4
2 3 7	1 2 3 6 7 8	5 7 9	1 5 7	2 3 4 6 7 9	4 6 9	1 6 7 8	1 3 5 6 7 9	5 6
1 2 3 4 5 6	3 5 6	1 2 5 7 8	1 2 7 9	4 5 7 9	2 3 4 6 9	1 3 4	2 9	1 3 4 8 9

Puzzle-86

234789	12789	235679	2567	357	123678	139	1267	4579
12457	24569	13457	3459	12567	12348	2356	12569	2346
19	134	3789	5678	234569	23678	289	23789	23567
12567	12345	13479	139	4589	13456	1349	12356	4569
134568	3568	237	4789	356	2357	13478	1345	289
146	1236789	345689	12489	234689	478	158	34579	14568
2359	12568	134578	389	1257	149	29	34567	1346
157	2367	126789	1257	1789	389	12468	13456	127
4689	4569	134	134569	237	49	369	4689	123457

Puzzle-87

2 4 9	3 6 7 9	2 4 5 6 7 9	4 7 8 9	2 6 7	2 5 6 9	1 3 4 6 9	1 3 7	2 3 7 8 9
1 3 5	6 9	2 3 4 7 8	2 3 6 8	3 4 5 6 7 9	5 7 8	1 3 5 6 8 9	2 3 9	2 3 4 5 7 8
1 7 8	1 2 8 9	7 9	2 4 5 9	3 4 5 7 9	1 2 3 4 7 9	2 3 5 8	3 4 6 8 9	1 4 5 6 7 8
8 9	1 2 4 6 7 9	2 3 5 8 9	1 2 7 9	4 6	1 2 4 7	2 3 4 5 7 9	2 3 4 5 6	1 2 3 5 6 7 9
3 4 7	3 5	1 2 3 5 6 7 8	1 2 5 6	2 3 6 9	1 3 4 7 9	1 2 4 5 6 8	3 5 6 9	2 4 8 9
2 4 5 6 7 9	1 2 3 4 5 6 7 9	2 3 4 7 9	2 4 9	2 3 6 9	1 3 9	3 6 7 8	1 3 5 8 9	2 3 4 5
2 3 4 8 9	1 4 6	1 2 3 4 6 8	2 3 4 5 8	1 2 3 6 9	3 5	2 3 5 6 7 9	3 5 6 7	1 4 5 6 8
2 3 4	2 3 4 5	1 2 4 5 9	3 7 8 9	3 8 9	1 5 6	1 2 4 9	2 6 7 9	1 2 3 7
2 5 8	1 3 5 7 9	1 3 4 6 8 9	3 6	1 7	1 5 7 9	3 4 7 8 9	3 5 6 7	2 5 6 8

Puzzle-88

5 7	2 3 6 8	1 2 3 6	1 3 4 5 8 9	1 3 6 9	2 4 9	1 4 6	3 4 6 8 9	2 3 6 7
3 4 7 9	1 3 5 6	1 2 8 9	1 2 3 9	4 7 8	1 3 4 8	3 5 6 9	1 2 7	1 3 5 6 9
3 4 5	1 3 6 7 9	1 5	2 6 7 9	2 3 4 6 8	1 2 7	2 4 6 7 8 9	1 6 7 8 9	1 5 8
1 2 3	1 3 7 9	1 2 4 5 6	2 3 5 7 8 9	1 3 5 9	3 4 5 7 8	2 3 5 6 7 8	1 6 7	6 8 9
1 3 6 8	3 5 6 7 8 9	1 3 6 8 9	1 4 9	2 3 4 8 9	1 4 8	1 4 9	2 3 4 5 6 8 9	2 5 9
1 4 7 8	4 5 8	1 2 3 6 8 9	3 4 7 8	1 3 4 6 7 9	1 2 3 9	3 5 6 7 9	1 2 3 4 9	2 4 8 9
1 2 5 6	1 7 8 9	1 2 3 4 5	1 2 7 8	1 3 4 5 9	4 5 6 7 9	1 2 5 6 8	1 3 4 8 9	1 7 8 9
3 5 6	1 3 4 7	1 4 6 7	1 3 5 7 8 9	1 2 3 7 9	1 2 5 6 7	2 3 4 7 9	1 3 4 5 7	1 2 3 8 9
2 5 6 7	2 4 5 8 9	1 3 5 7	1 2 3	1 8	2 3 5 6 7 8 9	1 3 4 5 8	5 6 7 9	1 4 5 8 9

Puzzle-89

3 7	1 3 9	5 9	3 5	3 6 7	3 6 7 8	2 5	1 2 6	4 7 9
1 4 7 9	3 4	2 3 6 7 9	5 8	2 5 9	2 7	2 3 6 9	1 2 4 7	3 6
4 8	3 5 7	2 3	2 4 6	3 9	1 2	2 4 7 9	1 4 7 8	3 5
1 4 5	2 6	2 4 7	2 6	4 6 8 9	2 3 5 7	1 5	1 3 9	3 7 8
1 3 5	7 9	1 2 3	4 5 7	4 7 8 9	2 5 9	2 7 8	1 2 5 6	1 2 3 4
1 5 8 9	1 9	3 6 7	4 7	3 4 9	5 6	4 6 8	2 3 8	2 6 8 9
2 4 5	2 3 4 6	2 5 8	2 9	7 8	5 6	4 5 7	3 6 9	1 5
3 5 6	1 5 8	1 7	1 9	2 3 4 6 9	2 4	2 9	3 4 7 8 9	3 4 8 9
2 3	1 7 8	3 7 8 9	4 7 9	1 8	5 7	1 4 5 6	2 4 5 7	8 9

Puzzle-90

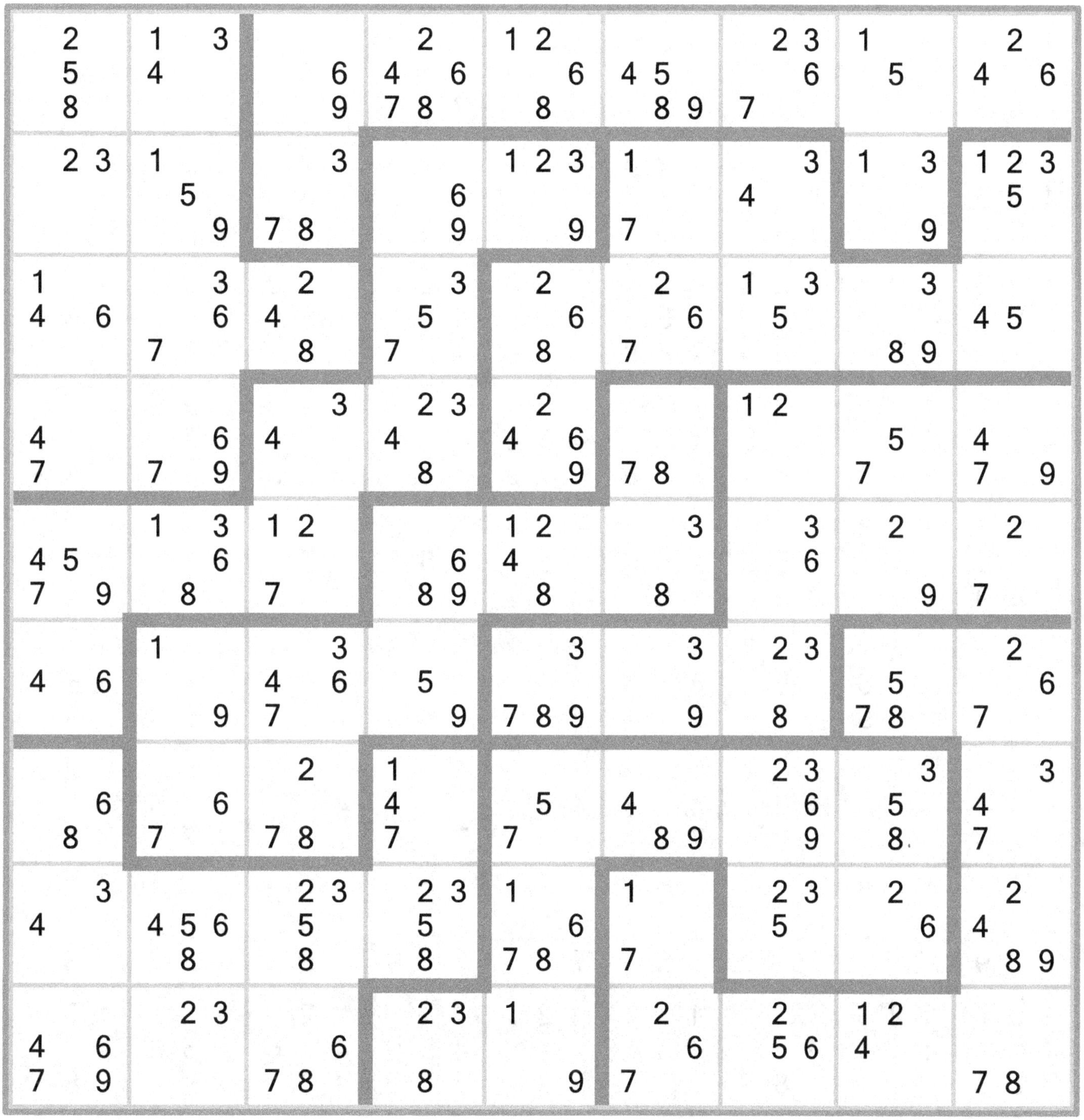

Puzzle-91

1 5 8	1 7	1 2 3 4 5 9	1 2 7 8	2 4 6 8	3 7	3 4 5 6 7	1 2 4 7	4 5 7 9
3 4 5 6 8 9	5 6 7 9	2 4 6 7 8 9	1 2 3 4 6 8	2 5 7	2 3 6 8	1 2 3 5	2 3 7	1 2 3 6 9
1 2 3 5	2 4 7	2 3 8	1 5 7 8 9	2 3 4 6 7	1 2 3 4 5 7 9	2 3 5 8	1 2 3 4 6 7 8 9	1 3 5 7
3 4 7 9	1 4 5 7 9	2 4 5 6 8	3 4 7 9	3 4 5 6 9	1 4 6	1 3 5 6 9	2 3 5	6 8 9
2 3 5 6 8 9	1 2 3	1 5 6 7 8	2 3 4 5 6 8	2 3 5 7 9	3 4 5 7 8	5 7	1 3 4 5	3 4 5 6
1 2 4 5 6	2 6 9	3 5 8	1 4 6 7	2 3 7	3 6 9	4 5 6 7 9	1 7 8 9	1 3 5 8
1 2 4 6 9	8 9	4 5 6 8	4 6 7	3 4 5 7	1 7 9	1 3 4 7	6 7 8 9	2 3 7 8
4 7 8 9	1 3 6	1 2 4 5 6 7 9	2 5 7 8	1 5 7	1 2 5 7 9	1 3 4 5 8	1 3 4 5	4 6 8
1 2 4 7 8 9	1 2 3 4 5 8	1 4 5 8 9	1 4 5	1 2 7 8	1 4 5 6 7 9	2 4 6 8	5 6 7	1 2 6 7 8

Puzzle-92

1 4 6 9	5 6 8	1 3 4 8 9	3 7	1 2	5 6	1 2 3 4 8 9	1 3 4 6 7 9	3 4 6 8
1 2 3	2 3 6 8	1 3 5 7	1 3 4 5 6 7 8	1 5 7 8 9	2 4 5 9	1 5 6 9	1 3 4 6 9	1 2 5 6 8
1 4 5 6 9	3 5 7 8	2 4 7	2 3 4 7	3 5 9	1 4 5 6 7 8 9	4 5 6 8 9	2 3 6 7	5 6 7 9
1 2 3 5 6	1 2 7 9	1 3 5 6 8 9	4 5 6 7	2 3 6 7 8	2 5 7 9	3 4 6 8 9	2 3 4 5 6 7 8 9	6 7 9
1 2 5 8 9	2 6 8 9	1 2 4 5 8 9	7 9	1 3 4 7	1 2 3 9	1 4 5 6 7 9	1 2 5	3 7 9
1 4 5 6 7	2 3 4 8 9	1 3 4 5 6 8 9	1 2 6	5 7 8	1 4 5 6 8 9	1 2 3 5 6 7	1 2 3 8	3 4 7
1 3 5 6 9	1 3 4 8	3 6 7 8	4 5 7	2 3 4 6 9	2 9	1 2 3 7	1 6 8	2 3 4
1 6 8	1 5 7 9	2 5 9	1 2 3 5 6 8	1 4 7 9	1 4 7 8	3 8	3 5 6 7 8 9	1 2 5 8
1 4 5 7	1 2 3 5 6 7 9	1 3 5	1 3 4 5 8 9	2 6 7 9	1 7 8	3 4 7 9	4 7	1 3 4

Puzzle-93

1 3 4 5 8	2 7 8 9	1 2 3 5 9	2 3 7 8	1 2 4 8 9	6 8	1 5 7 8 9	2 3 4 6 7 8	1 3 4 6 8
1 5 6 7 8 9	2 4 5 9	4 6 8	7 8 9	2 3 6 8 9	1 5 6 9	2 4 6 8	1 4 5 9	2 4 6
2 3 5 7 8 9	1 3 4 8	1 2 6 8 9	2 5 6 7 8	3 4 5	1 2 4 8	1 2 6 7 8 9	1 4 5 6 7	3 5 7
5 6 8	5 7	1 3 4 6 8	1 2 3 5 6 9	6 7 8 9	1 2 4 7	2 3 4 6 9	1 3 8	2 3 7 8 9
1 2 3 4 9	2 4 5 6 7	1 2 7 9	3 6 8 9	1 6 9	2 3 4 5 9	4 5 6 7 9	1 4	1 3 4 5 6 7 8 9
1 3 4 6 7 9	1 2 6 8	2 4 5 7 9	1 5 6 8 9	1 2 3 4 8 9	3 5 6 7 8	1 4 6 7 8	2 4 7 9	2 4 6
1 3 5 9	2 3 4	1 3 6 7 8	5 6 7 9	3 6 7	2 8 9	1 2 4 5 6	1 4 6 7 9	3 5 6 7
3 5 6 8	2 3 7 9	2 3 6 7 9	1 4 5 8 9	1 9	3 8	1 2 4 5	3 4 6 7 8 9	2 4 5 7 8
1 9	1 2 3 4 6 9	3 4 7	4 5	4 8	5 8	1 2 3 4 6 7	2 4 6 7 9	6 8

Puzzle-94

2 7 8	2 3 4 6	8 9	2 3	1 3 5	7 8	4 6 9	1 3 4 7 9	3 4 5 7 8 9
5 6 8	2 5 6 7	4 5 7	1 2 6 9	4 6 7 8	3 8 9	2 3	1 3 8	3 8 9
7 8	2 3 5	1 6 9	4 5	5 6	2 3 5 7	2 9	3 4	6 7 9
1 3 5 9	1 2 6	3 4 5	1 2 8	3 5	1 3	4 5	1 6	1 2 5 6 7
1 5 7	5 9	3 4 5 6	4 5 9	2 8	1 4	5 6 8	3 4 5	1 4
1 3	7 8	3 6	4 6 7	4 5	1 5 6 9	7 9	2 4 6	4 8
4 8	8 9	1 2 3	1 8	1 6 8	3 4	1 7	3 5 7 9	5 6
6 8	3 5 7	2 5 9	4 6	3 4 5 9	1 2 3	1 4 6 7 9	1 8	2 3 5 6
3 6 7	1 4	4 8	3 6	7 9	5 6	4 6	1 2 3 6 7 8 9	2 3 4 5

14567	1459	2489	24679	123467	125679	138	478	3789
1346789	279	359	289	235789	124	12358	345679	124568
389	589	237	2479	789	179	2578	239	5689
5689	12358	246	34689	13568	128	256	158	379
379	235	56789	12356	347	13679	345789	25689	24679
14579	126789	126	257	2469	25789	4568	1578	3457
2369	5678	236789	235	12357	1479	3679	2379	249
123459	234578	123567	2346	234	1379	789	345678	134
29	1469	123467	124578	389	3456789	2345	236	1245

2578	123569	124567	18	135679	2459	12458	1235689	12456
1469	23489	139	12368	235	1456789	23458	2347	158
467	378	458	12456	1345	349	1234568	156	469
234	467	1245	356	23789	1478	1256	45689	1348
1234569	489	13579	12589	123479	1234	178	234679	246
3469	1457	357	12679	12468	234589	579	234	358
158	123678	29	1458	5689	3679	45	135789	236789
129	4789	234568	24579	1239	4567	14678	458	269
1789	157	1678	34569	26	489	23578	123478	25689

Puzzle-97

1 5 7 9	4 5 6 8	2 6 7 8 9	2 3 4 5 6 7 9	1 2 6 9	3 4 5 6 7 8	1 3	1 6 8	1 2 3 4 9
1 2 3 4 5 9	1 2 3 4 7 8 9	1 2 3 8	1 2 9	4 8	1 3 4 5 7 8	3 6	1 3 5 6 7 9	5 7 8
1 3 4 5 6 8 9	1 3 7 8 9	5 6 7 8 9	1 3 7 8	1 3 6 7 8	3 4 5 6 7 9	1 3 6 7	2 7 8 9	2 4 7 9
2 3 5	1 3 4 6 7	3 4 8	5 6	1 2 3 6 7 9	1 2 4 5 7 9	2 3 4 5 7 9	1 3 5 6 7 8	1 2 4 8 9
1 6 8	3 5 6 7	2 4 9	1 2 4 8	1 4 7 8	2 5 7 9	1 5 6	1 2 3 5 6 7	1 7 8 9
1 3 4 5 7 8	2 3 7	2 5 9	1 2 4	1 4 6	1 3 5 7 9	2 5 6 7	1 2 3 6 9	4 8
1 2 5 7 8	2 7	6 7 8 9	4 7 9	1 2 3 5 6 7	1 6 7 8	1 2 4 5 6 7 9	2 4 8	2 3 8
2 3 5 6 7 8	1 4 9	1 3 6 8	2 5 7 8	2 3 5 7 8	1 2 4 8 9	7 9	2 5 6 8	1 2 3 6 7
1 3 6 7 9	3 5 7	5 6	1 4	4 9	2 3 4 6 8	1 4 6 8 9	2 5 6 7 8	3 4 5 7

Puzzle-98

6 8 9	2 7	7 9	1 5	5 8	4 6 7 8	2 3 4 5 8	4 7	2 4 5
3 7 9	4 7 8	3 5 9	4 5 7	2 6 9	2 3 6 9	2 4 7 8 9	1 2 3	1 2
1 7	1 3 4	2 3 4	2 4 9	4 6 8	1 2 3	2 5	6 9	8 9
4 5	3 5 6	2 6 7	1 6	1 3 5	1 8 9	2 7	2 4 8	1 5 9
2 5 7 8	2 6 7 8	2 4	6 7	3 5	2 6 8	8 9	1 3 5 6	1 8
3 6 8	7 9	4 6	3 5	2 8	3 5 7 9	1 2 5 8	2 9	2 4
2 5	1 3 4 9	1 5 8 9	2 3 7 9	2 5 6 8	5 7 9	3 4 6 8 9	5 7 8	3 8 9
5 7 8 9	5 9	2 9	3 8 9	1 2 9	4 6 7	6 9	3 8	7 8
1 3 4	1 3 9	1 8	3 5 6 7	1 7 8	5 8	4 5	2 7 8	1 6 7

Puzzle-99

5 6	5 9	3 7	1 2	2 3 8	5 9	3 8	4 9	3 5
6 8	3 5	1 5	2 8 9	6 9	4 8	1 5	2 4	1 2 4 7
4 6 7	2 5	1 6	2 3	1 7	4 8	4 5 6	5 6	4 9
1 5	7 9	5 9	6 8	4 6	2 4	2 3 4	4 8	5 7
5 9	5 6	4 9	2 4 8	2 3	6 7	4 9	1 8	2 4
2 4 9	4 8	3 5	5 8	5 7 9	1 6	4 7	2 7	6 9
4 9	1 7	2 5	6 7	4 8	3 8	6 9	3 5	4 6
4 7	2 5 7	3 6	3 4	1 3	3 9	2 3	1 3 4	1 8
3 9	4 9	3 8	2 5	5 9	2 6	1 7	6 9	1 8

Puzzle-100

67	247	14	13578	3578	459	39	23579	179
34679	139	15	45	248	17	36	678	278
678	1248	19	56	2589	237	14	38	135
25	3489	369	59	25678	49	1289	126	35
46	2345	2579	2578	15	249	689	147	236
78	124	28	2389	3456	36	56	89	124
369	67	18	57	134	1237	16	235	269
12	134	457	17	256	49	139	689	68
13	58	345	1267	16	68	3578	124	179

SOLUTIONS

Puzzle-1

3	1	5	4	9	2	8	6	7
8	2	6	1	7	5	4	3	9
4	9	7	6	8	3	2	5	1
9	5	1	8	3	7	6	4	2
6	3	4	5	2	1	9	7	8
2	7	8	9	6	4	5	1	3
7	6	3	2	4	8	1	9	5
1	4	2	3	5	9	7	8	6
5	8	9	7	1	6	3	2	4

Puzzle-2

4	9	8	7	2	1	6	3	5
2	7	6	3	5	4	8	9	1
1	5	3	9	6	8	7	2	4
7	2	9	5	4	3	1	6	8
6	1	4	2	8	7	3	5	9
3	8	5	1	9	6	4	7	2
9	6	7	8	1	2	5	4	3
8	3	2	4	7	5	9	1	6
5	4	1	6	3	9	2	8	7

Puzzle-3

7	1	5	3	6	2	8	9	4
2	4	3	8	9	1	7	5	6
9	8	6	7	5	4	1	3	2
6	7	8	4	3	5	9	2	1
3	5	4	2	1	9	6	7	8
1	9	2	6	7	8	3	4	5
5	3	7	1	2	6	4	8	9
4	2	1	9	8	3	5	6	7
8	6	9	5	4	7	2	1	3

Puzzle-4

2	7	3	1	6	5	4	9	8
4	8	9	7	2	3	1	5	6
5	1	6	4	9	8	2	7	3
1	9	2	6	8	7	5	3	4
7	5	4	9	3	1	6	8	2
6	3	8	2	5	4	9	1	7
3	4	1	5	7	2	8	6	9
9	2	7	8	1	6	3	4	5
8	6	5	3	4	9	7	2	1

Puzzle-5

6	3	8	1	4	5	9	2	7
4	9	7	8	6	2	1	3	5
5	2	1	9	7	3	8	6	4
8	1	3	2	5	9	4	7	6
9	4	5	6	8	7	3	1	2
2	7	6	3	1	4	5	8	9
7	8	4	5	2	1	6	9	3
1	5	9	7	3	6	2	4	8
3	6	2	4	9	8	7	5	1

Puzzle-6

5	1	6	8	2	3	4	7	9
3	8	7	4	9	6	5	1	2
9	4	2	5	1	7	8	6	3
8	2	3	7	6	4	1	9	5
4	7	9	3	5	1	2	8	6
1	6	5	9	8	2	3	4	7
7	5	8	2	4	9	6	3	1
2	3	1	6	7	8	9	5	4
6	9	4	1	3	5	7	2	8

Puzzle-7

2	4	1	3	6	7	8	5	9
7	9	6	8	5	1	3	2	4
5	3	8	9	2	4	1	7	6
8	7	9	6	4	3	5	1	2
3	6	2	5	1	8	9	4	7
1	5	4	7	9	2	6	3	8
6	8	3	4	7	5	2	9	1
9	1	7	2	3	6	4	8	5
4	2	5	1	8	9	7	6	3

Puzzle-8

8	1	7	3	5	6	2	4	9
2	4	5	9	7	1	8	6	3
3	9	6	8	2	4	5	1	7
7	8	2	4	6	5	3	9	1
4	6	1	2	9	3	7	5	8
9	5	3	1	8	7	4	2	6
1	2	8	7	4	9	6	3	5
6	3	4	5	1	8	9	7	2
5	7	9	6	3	2	1	8	4

Puzzle-9

4	1	5	3	9	6	8	7	2
7	2	3	8	5	1	6	9	4
9	8	6	4	7	2	5	3	1
3	9	7	6	2	4	1	5	8
1	5	4	7	3	8	2	6	9
8	6	2	9	1	5	3	4	7
5	7	8	1	6	9	4	2	3
6	4	9	2	8	3	7	1	5
2	3	1	5	4	7	9	8	6

Puzzle-10

2	4	8	9	1	7	5	3	6
1	7	5	3	8	6	2	9	4
6	3	9	5	2	4	1	7	8
9	2	4	1	3	5	8	6	7
5	1	7	8	6	9	4	2	3
3	8	6	7	4	2	9	5	1
4	9	3	6	5	1	7	8	2
8	5	2	4	7	3	6	1	9
7	6	1	2	9	8	3	4	5

Puzzle-11

6	4	3	9	8	2	1	7	5
2	9	1	7	5	4	6	3	8
8	7	5	3	6	1	2	4	9
1	3	6	5	4	8	9	2	7
9	5	8	1	2	7	3	6	4
7	2	4	6	9	3	8	5	1
3	6	7	4	1	9	5	8	2
4	8	9	2	3	5	7	1	6
5	1	2	8	7	6	4	9	3

Puzzle-12

9	4	3	5	8	2	1	6	7
6	1	2	9	3	7	4	8	5
5	8	7	1	6	4	9	3	2
2	5	4	8	9	1	6	7	3
1	9	6	7	5	3	2	4	8
3	7	8	2	4	6	5	9	1
4	2	5	3	7	9	8	1	6
8	3	9	6	1	5	7	2	4
7	6	1	4	2	8	3	5	9

Puzzle-13

5	3	1	6	2	4	8	9	7
8	7	2	5	9	1	6	4	3
4	9	6	8	3	7	1	2	5
9	8	3	2	7	6	5	1	4
6	5	4	1	8	9	3	7	2
1	2	7	3	4	5	9	6	8
3	6	5	4	1	2	7	8	9
2	1	9	7	5	8	4	3	6
7	4	8	9	6	3	2	5	1

Puzzle-14

6	9	1	5	4	3	7	2	8
2	5	3	7	8	9	4	6	1
7	8	4	1	6	2	3	5	9
4	1	9	3	2	5	6	8	7
5	6	2	9	7	8	1	3	4
3	7	8	4	1	6	2	9	5
9	4	5	2	3	1	8	7	6
1	3	6	8	5	7	9	4	2
8	2	7	6	9	4	5	1	3

Puzzle-15

4	3	8	7	6	1	5	2	9
9	6	5	4	3	2	1	7	8
7	2	1	5	8	9	4	6	3
5	7	3	9	1	6	8	4	2
8	4	2	3	5	7	9	1	6
1	9	6	8	2	4	7	3	5
3	8	7	6	4	5	2	9	1
6	1	4	2	9	8	3	5	7
2	5	9	1	7	3	6	8	4

Puzzle-16

7	5	9	6	3	1	8	4	2
3	2	6	4	8	5	1	9	7
1	8	4	7	9	2	5	6	3
6	1	3	2	4	8	7	5	9
4	7	2	1	5	9	6	3	8
8	9	5	3	6	7	4	2	1
2	6	1	9	7	4	3	8	5
5	4	7	8	2	3	9	1	6
9	3	8	5	1	6	2	7	4

Puzzle-17

2	4	5	8	3	9	7	1	6
3	8	1	6	5	7	4	9	2
7	9	6	4	1	2	3	5	8
4	6	7	3	8	1	5	2	9
9	5	8	7	2	6	1	4	3
1	2	3	9	4	5	8	6	7
8	1	4	2	9	3	6	7	5
6	3	9	5	7	4	2	8	1
5	7	2	1	6	8	9	3	4

Puzzle-18

8	7	3	9	2	4	5	6	1
1	6	4	8	3	5	7	9	2
5	9	2	6	7	1	4	3	8
2	4	7	3	1	6	8	5	9
6	3	8	5	4	9	2	1	7
9	1	5	7	8	2	3	4	6
7	8	9	1	5	3	6	2	4
4	5	6	2	9	8	1	7	3
3	2	1	4	6	7	9	8	5

Puzzle-19

9	6	3	1	4	8	2	5	7
5	7	8	6	2	3	4	1	9
2	1	4	5	9	7	6	3	8
6	8	5	2	3	4	9	7	1
3	4	7	9	6	1	8	2	5
1	9	2	8	7	5	3	4	6
8	2	1	3	5	6	7	9	4
4	3	6	7	1	9	5	8	2
7	5	9	4	8	2	1	6	3

Puzzle-20

9	5	7	8	4	2	1	3	6
2	8	6	7	3	1	5	9	4
4	3	1	9	6	5	7	2	8
8	9	2	3	1	7	6	4	5
7	4	5	6	9	8	3	1	2
1	6	3	2	5	4	8	7	9
6	1	9	4	8	3	2	5	7
5	7	4	1	2	6	9	8	3
3	2	8	5	7	9	4	6	1

Puzzle-21

4	6	8	5	1	7	3	2	9
2	3	5	4	9	8	6	1	7
7	9	1	3	2	6	5	8	4
3	1	7	2	5	9	8	4	6
6	2	4	7	8	3	1	9	5
5	8	9	6	4	1	2	7	3
1	4	3	9	6	2	7	5	8
9	7	2	8	3	5	4	6	1
8	5	6	1	7	4	9	3	2

Puzzle-22

4	2	8	1	5	6	7	3	9
3	1	6	7	4	9	5	8	2
9	5	7	3	8	2	4	1	6
1	8	3	6	7	4	9	2	5
2	7	4	5	9	3	8	6	1
5	6	9	2	1	8	3	4	7
8	3	1	9	2	7	6	5	4
7	4	2	8	6	5	1	9	3
6	9	5	4	3	1	2	7	8

Puzzle-23

6	9	3	8	2	7	5	1	4
1	7	2	5	3	4	8	9	6
5	8	4	9	6	1	2	3	7
8	4	5	1	7	3	9	6	2
2	1	9	4	8	6	7	5	3
7	3	6	2	5	9	1	4	8
3	2	7	6	1	5	4	8	9
4	5	8	3	9	2	6	7	1
9	6	1	7	4	8	3	2	5

Puzzle-24

8	2	4	6	7	1	3	5	9
3	7	5	8	9	2	6	4	1
6	9	1	4	3	5	2	7	8
1	6	8	3	2	4	5	9	7
7	3	2	5	8	9	1	6	4
5	4	9	7	1	6	8	3	2
2	1	6	9	5	7	4	8	3
4	8	7	1	6	3	9	2	5
9	5	3	2	4	8	7	1	6

Puzzle-25

5	8	3	7	4	1	2	6	9
1	9	4	3	6	2	7	5	8
6	7	2	5	9	8	4	1	3
7	6	5	4	2	3	9	8	1
3	1	9	8	7	6	5	2	4
2	4	8	1	5	9	3	7	6
4	3	7	6	1	5	8	9	2
9	5	6	2	8	4	1	3	7
8	2	1	9	3	7	6	4	5

Puzzle-26

3	8	9	1	2	4	5	7	6
4	7	5	9	8	6	1	2	3
1	6	2	5	7	3	4	9	8
9	1	7	2	6	5	8	3	4
5	2	3	4	9	8	7	6	1
8	4	6	7	3	1	9	5	2
7	9	1	6	4	2	3	8	5
2	5	8	3	1	9	6	4	7
6	3	4	8	5	7	2	1	9

Puzzle-27

5	2	3	4	9	1	6	7	8
7	9	4	6	3	8	2	1	5
8	1	6	2	5	7	3	4	9
4	5	1	9	2	6	7	8	3
3	7	2	8	4	5	1	9	6
6	8	9	1	7	3	4	5	2
1	3	5	7	8	2	9	6	4
2	4	7	5	6	9	8	3	1
9	6	8	3	1	4	5	2	7

Puzzle-28

7	6	9	5	1	3	2	8	4
2	3	4	6	7	8	9	5	1
5	8	1	2	4	9	6	3	7
9	5	3	8	6	1	7	4	2
6	2	8	7	3	4	5	1	9
1	4	7	9	2	5	3	6	8
3	7	5	1	8	2	4	9	6
8	9	2	4	5	6	1	7	3
4	1	6	3	9	7	8	2	5

Puzzle-29

3	4	7	1	2	5	8	9	6
1	2	5	9	6	8	7	3	4
8	6	9	3	7	4	1	5	2
4	3	2	8	5	1	6	7	9
7	8	1	2	9	6	3	4	5
9	5	6	4	3	7	2	8	1
2	7	3	5	1	9	4	6	8
5	1	4	6	8	3	9	2	7
6	9	8	7	4	2	5	1	3

Puzzle-30

2	8	5	9	1	6	7	3	4
3	4	6	8	7	5	1	9	2
1	7	9	2	4	3	8	6	5
9	1	2	4	6	8	5	7	3
7	6	3	5	2	1	9	4	8
4	5	8	3	9	7	2	1	6
8	3	7	1	5	4	6	2	9
5	9	1	6	3	2	4	8	7
6	2	4	7	8	9	3	5	1

Puzzle-31

8	9	2	6	4	3	1	7	5
3	1	6	5	7	9	2	8	4
4	7	5	1	2	8	9	3	6
6	4	9	2	8	5	7	1	3
1	5	7	3	9	6	8	4	2
2	3	8	4	1	7	6	5	9
9	6	1	8	3	4	5	2	7
5	8	4	7	6	2	3	9	1
7	2	3	9	5	1	4	6	8

Puzzle-32

9	7	8	3	6	2	5	1	4
6	3	4	9	5	1	8	7	2
1	2	5	4	8	7	9	3	6
8	1	7	5	2	3	6	4	9
3	9	6	8	1	4	7	2	5
5	4	2	7	9	6	1	8	3
2	8	9	1	3	5	4	6	7
7	5	3	6	4	8	2	9	1
4	6	1	2	7	9	3	5	8

Puzzle-33

5	2	3	7	4	6	9	8	1
7	4	9	1	8	3	6	2	5
1	6	8	9	5	2	7	4	3
6	9	4	2	3	1	5	7	8
8	5	1	6	7	4	3	9	2
3	7	2	5	9	8	4	1	6
4	1	7	8	6	5	2	3	9
9	8	5	3	2	7	1	6	4
2	3	6	4	1	9	8	5	7

Puzzle-34

8	3	1	9	7	5	4	6	2
5	9	4	6	8	2	7	3	1
7	2	6	4	3	1	9	5	8
9	7	3	5	2	6	8	1	4
6	5	8	7	1	4	3	2	9
4	1	2	8	9	3	6	7	5
3	4	9	2	5	7	1	8	6
2	8	7	1	6	9	5	4	3
1	6	5	3	4	8	2	9	7

Puzzle-35

1	6	9	3	7	4	8	5	2
8	2	5	9	1	6	3	4	7
7	4	3	5	2	8	1	9	6
3	1	7	8	9	2	4	6	5
9	8	2	6	4	5	7	3	1
6	5	4	7	3	1	9	2	8
2	9	6	1	8	3	5	7	4
4	7	8	2	5	9	6	1	3
5	3	1	4	6	7	2	8	9

Puzzle-36

2	4	8	3	9	1	7	5	6
3	1	6	5	4	7	9	2	8
5	9	7	2	6	8	1	4	3
4	8	3	7	5	9	6	1	2
9	6	2	8	1	3	4	7	5
1	7	5	4	2	6	3	8	9
8	2	9	1	3	4	5	6	7
7	3	4	6	8	5	2	9	1
6	5	1	9	7	2	8	3	4

Puzzle-37

7	4	5	6	9	2	8	1	3
1	8	9	5	7	3	4	6	2
3	2	6	1	8	4	7	9	5
4	9	7	2	5	6	1	3	8
8	3	2	7	1	9	5	4	6
5	6	1	3	4	8	2	7	9
6	7	4	9	2	5	3	8	1
9	5	8	4	3	1	6	2	7
2	1	3	8	6	7	9	5	4

Puzzle-38

1	3	2	7	8	4	6	5	9
7	9	6	5	2	3	4	1	8
4	8	5	6	1	9	3	2	7
5	4	1	8	3	7	2	9	6
6	7	9	1	4	2	5	8	3
8	2	3	9	6	5	1	7	4
2	6	8	3	7	1	9	4	5
3	5	4	2	9	8	7	6	1
9	1	7	4	5	6	8	3	2

Puzzle-39

7	8	9	3	2	1	6	4	5
5	1	4	6	8	7	3	2	9
6	3	2	4	5	9	8	7	1
8	5	7	2	1	3	4	9	6
3	2	6	9	4	5	1	8	7
4	9	1	8	7	6	5	3	2
2	6	8	1	9	4	7	5	3
9	7	3	5	6	8	2	1	4
1	4	5	7	3	2	9	6	8

Puzzle-40

2	8	4	3	5	9	1	7	6
1	3	7	4	2	6	8	5	9
6	5	9	1	7	8	4	3	2
5	4	1	9	3	7	6	2	8
9	7	6	5	8	2	3	4	1
3	2	8	6	1	4	5	9	7
7	1	3	8	9	5	2	6	4
4	9	5	2	6	1	7	8	3
8	6	2	7	4	3	9	1	5

Puzzle-41

4	2	6	3	5	9	7	1	8
8	5	9	7	1	2	4	3	6
1	3	7	6	8	4	5	2	9
3	4	5	1	2	6	9	8	7
7	1	2	4	9	8	3	6	5
6	9	8	5	3	7	1	4	2
5	7	3	8	6	1	2	9	4
9	6	4	2	7	3	8	5	1
2	8	1	9	4	5	6	7	3

Puzzle-42

7	1	6	4	3	9	8	5	2
3	5	8	1	6	2	9	4	7
9	2	4	5	8	7	1	6	3
4	3	9	6	2	1	7	8	5
8	7	5	9	4	3	2	1	6
1	6	2	8	7	5	3	9	4
5	4	7	2	1	8	6	3	9
6	8	3	7	9	4	5	2	1
2	9	1	3	5	6	4	7	8

Puzzle-43

5	1	6	4	3	8	2	7	9
2	4	8	9	7	5	3	1	6
9	3	7	1	6	2	4	5	8
4	5	1	3	9	6	8	2	7
3	6	2	5	8	7	9	4	1
8	7	9	2	4	1	6	3	5
1	8	5	6	2	3	7	9	4
6	2	4	7	5	9	1	8	3
7	9	3	8	1	4	5	6	2

Puzzle-44

3	7	1	6	4	5	9	8	2
4	6	9	7	2	8	3	5	1
5	8	2	1	9	3	7	6	4
6	1	3	2	5	9	8	4	7
8	2	5	3	7	4	6	1	9
9	4	7	8	6	1	2	3	5
1	9	6	4	3	2	5	7	8
2	3	8	5	1	7	4	9	6
7	5	4	9	8	6	1	2	3

Puzzle-45

5	1	9	6	2	3	4	8	7
3	7	8	1	4	9	5	6	2
6	4	2	7	5	8	1	3	9
1	9	5	2	8	6	7	4	3
4	2	3	5	9	7	8	1	6
7	8	6	3	1	4	2	9	5
9	6	1	8	7	5	3	2	4
8	5	4	9	3	2	6	7	1
2	3	7	4	6	1	9	5	8

Puzzle-46

2	6	7	8	9	3	5	4	1
1	3	4	7	6	5	2	9	8
9	5	8	1	4	2	3	6	7
5	1	3	4	2	7	9	8	6
7	9	6	5	8	1	4	2	3
4	8	2	9	3	6	7	1	5
8	7	5	2	1	4	6	3	9
3	4	9	6	7	8	1	5	2
6	2	1	3	5	9	8	7	4

Puzzle-47

7	4	8	9	1	3	6	5	2
5	2	3	7	6	8	9	4	1
9	1	6	4	5	2	7	8	3
4	7	1	3	9	5	8	2	6
6	5	9	8	2	7	3	1	4
3	8	2	6	4	1	5	7	9
1	6	7	2	8	9	4	3	5
8	9	5	1	3	4	2	6	7
2	3	4	5	7	6	1	9	8

Puzzle-48

3	1	6	9	2	7	5	4	8
8	4	7	3	5	1	9	6	2
9	2	5	6	4	8	7	3	1
7	5	9	8	1	6	4	2	3
2	6	3	5	9	4	8	1	7
4	8	1	7	3	2	6	5	9
6	3	4	1	7	9	2	8	5
5	7	2	4	8	3	1	9	6
1	9	8	2	6	5	3	7	4

Puzzle-49

5	6	8	3	2	7	4	9	1
1	2	3	9	4	6	8	7	5
9	4	7	8	1	5	3	6	2
4	3	9	1	5	8	7	2	6
6	1	5	4	7	2	9	8	3
8	7	2	6	9	3	1	5	4
3	8	4	2	6	9	5	1	7
7	9	6	5	3	1	2	4	8
2	5	1	7	8	4	6	3	9

Puzzle-50

7	6	3	8	2	5	9	4	1
2	1	9	7	6	4	3	5	8
4	5	8	3	1	9	2	7	6
6	4	7	1	3	8	5	9	2
3	9	2	6	5	7	8	1	4
5	8	1	4	9	2	7	6	3
8	2	4	9	7	6	1	3	5
1	7	6	5	8	3	4	2	9
9	3	5	2	4	1	6	8	7

Puzzle-51

6	7	8	2	5	9	1	3	4
2	9	4	3	7	1	5	8	6
1	3	5	6	8	4	9	7	2
7	4	9	5	2	8	3	6	1
5	6	1	4	9	3	7	2	8
8	2	3	7	1	6	4	9	5
9	5	6	1	3	2	8	4	7
4	8	7	9	6	5	2	1	3
3	1	2	8	4	7	6	5	9

Puzzle-52

1	2	9	5	7	4	3	6	8
4	5	3	8	9	6	7	2	1
6	7	8	3	2	1	4	9	5
5	9	6	2	1	3	8	7	4
7	3	1	4	6	8	9	5	2
2	8	4	7	5	9	1	3	6
9	4	7	6	8	5	2	1	3
3	6	2	1	4	7	5	8	9
8	1	5	9	3	2	6	4	7

Puzzle-53

9	7	6	5	3	4	1	2	8
1	3	5	8	2	7	4	6	9
2	8	4	1	6	9	5	3	7
4	1	8	6	7	3	2	9	5
5	6	2	9	1	8	3	7	4
3	9	7	4	5	2	6	8	1
6	5	3	7	9	1	8	4	2
7	4	1	2	8	6	9	5	3
8	2	9	3	4	5	7	1	6

Puzzle-54

2	1	7	8	5	3	4	9	6
5	3	9	7	4	6	1	2	8
8	6	4	1	2	9	3	7	5
7	8	6	4	3	5	9	1	2
4	5	1	9	7	2	8	6	3
9	2	3	6	8	1	7	5	4
6	7	8	5	9	4	2	3	1
3	4	5	2	1	7	6	8	9
1	9	2	3	6	8	5	4	7

Puzzle-55

6	4	9	7	5	8	1	2	3
3	2	8	6	4	1	7	5	9
1	7	5	3	9	2	4	8	6
7	5	1	9	2	4	3	6	8
4	3	6	8	7	5	9	1	2
8	9	2	1	6	3	5	4	7
9	1	7	4	8	6	2	3	5
5	6	4	2	3	9	8	7	1
2	8	3	5	1	7	6	9	4

Puzzle-56

5	6	9	4	3	7	8	2	1
4	8	2	9	1	6	7	5	3
3	7	1	8	2	5	4	9	6
6	4	7	1	5	2	3	8	9
2	3	5	6	8	9	1	7	4
9	1	8	3	7	4	2	6	5
8	2	4	5	6	3	9	1	7
1	9	6	7	4	8	5	3	2
7	5	3	2	9	1	6	4	8

Puzzle-57

6	9	7	1	2	8	4	3	5
1	3	5	9	4	6	7	2	8
2	8	4	3	5	7	9	1	6
4	1	8	5	7	3	6	9	2
3	2	9	8	6	4	1	5	7
5	7	6	2	1	9	3	8	4
8	4	1	7	3	2	5	6	9
7	5	2	6	9	1	8	4	3
9	6	3	4	8	5	2	7	1

Puzzle-58

2	9	4	8	5	6	1	3	7
5	1	6	3	2	7	8	9	4
8	3	7	9	1	4	5	2	6
1	7	2	6	4	9	3	8	5
3	4	8	5	7	1	9	6	2
9	6	5	2	8	3	7	4	1
7	2	9	1	6	8	4	5	3
6	8	1	4	3	5	2	7	9
4	5	3	7	9	2	6	1	8

Puzzle-59

3	4	6	2	8	1	7	9	5
7	5	1	3	9	6	8	4	2
9	2	8	5	4	7	6	1	3
2	8	9	1	3	4	5	7	6
1	7	5	6	2	9	4	3	8
6	3	4	7	5	8	9	2	1
4	1	2	8	7	5	3	6	9
8	6	7	9	1	3	2	5	4
5	9	3	4	6	2	1	8	7

Puzzle-60

5	3	6	1	9	2	7	8	4
8	7	9	4	3	5	6	1	2
1	4	2	6	7	8	9	3	5
3	9	1	5	8	7	2	4	6
7	6	8	9	2	4	1	5	3
4	2	5	3	1	6	8	9	7
9	1	4	2	6	3	5	7	8
6	8	3	7	5	1	4	2	9
2	5	7	8	4	9	3	6	1

Puzzle-61

7	3	5	4	1	2	6	9	8
2	4	9	5	6	8	7	1	3
6	1	8	7	3	9	5	4	2
3	2	6	8	7	4	9	5	1
4	8	7	9	5	1	3	2	6
9	5	1	6	2	3	8	7	4
1	6	4	3	9	7	2	8	5
8	7	3	2	4	5	1	6	9
5	9	2	1	8	6	4	3	7

Puzzle-62

1	8	6	3	2	9	7	4	5
7	3	2	1	4	5	8	9	6
5	9	4	7	8	6	3	1	2
3	5	1	4	9	2	6	7	8
6	7	9	5	3	8	1	2	4
4	2	8	6	7	1	5	3	9
9	6	5	2	1	3	4	8	7
8	4	3	9	5	7	2	6	1
2	1	7	8	6	4	9	5	3

Puzzle-63

7	8	9	1	2	5	6	3	4
4	1	2	6	8	3	5	7	9
3	6	5	7	4	9	2	8	1
2	3	7	9	1	4	8	5	6
8	9	1	3	5	6	4	2	7
6	5	4	2	7	8	1	9	3
1	7	3	5	6	2	9	4	8
9	2	8	4	3	1	7	6	5
5	4	6	8	9	7	3	1	2

Puzzle-64

7	9	6	1	8	4	3	5	2
5	2	8	6	9	3	1	7	4
4	1	3	7	5	2	8	6	9
6	3	9	8	4	7	5	2	1
1	8	5	3	2	6	4	9	7
2	4	7	5	1	9	6	3	8
9	5	1	2	6	8	7	4	3
3	6	4	9	7	1	2	8	5
8	7	2	4	3	5	9	1	6

Puzzle-65

3	2	4	7	9	1	5	8	6
6	8	1	3	4	5	7	2	9
5	9	7	2	8	6	4	3	1
7	1	3	4	6	2	8	9	5
9	4	8	1	5	7	2	6	3
2	6	5	8	3	9	1	7	4
8	7	9	5	1	3	6	4	2
1	3	2	6	7	4	9	5	8
4	5	6	9	2	8	3	1	7

Puzzle-66

6	3	5	1	9	4	7	2	8
9	8	7	5	6	2	4	1	3
4	1	2	3	7	8	9	6	5
1	6	3	9	2	7	5	8	4
7	2	4	6	8	5	3	9	1
5	9	8	4	3	1	2	7	6
3	7	1	2	5	6	8	4	9
2	5	6	8	4	9	1	3	7
8	4	9	7	1	3	6	5	2

Puzzle-67

3	6	4	9	5	2	7	1	8
9	8	2	7	6	1	5	4	3
7	1	5	4	8	3	6	9	2
4	5	9	3	7	6	8	2	1
8	3	7	1	2	9	4	5	6
6	2	1	8	4	5	9	3	7
5	4	3	6	1	8	2	7	9
2	9	8	5	3	7	1	6	4
1	7	6	2	9	4	3	8	5

Puzzle-68

8	9	6	3	4	1	7	5	2
3	5	2	7	6	9	1	4	8
1	7	4	8	5	2	6	3	9
7	3	8	9	1	6	5	2	4
4	1	9	2	8	5	3	7	6
6	2	5	4	7	3	9	8	1
2	4	1	5	9	7	8	6	3
5	6	3	1	2	8	4	9	7
9	8	7	6	3	4	2	1	5

Puzzle-69

7	8	3	4	1	5	9	2	6
4	6	5	2	7	9	1	8	3
1	2	9	8	6	3	5	4	7
3	4	1	5	9	8	6	7	2
8	7	6	1	2	4	3	5	9
5	9	2	7	3	6	4	1	8
9	1	8	6	5	7	2	3	4
2	3	4	9	8	1	7	6	5
6	5	7	3	4	2	8	9	1

Puzzle-70

7	9	1	8	6	4	5	3	2
4	3	2	5	1	7	9	8	6
5	6	8	2	3	9	4	1	7
2	5	6	7	9	8	3	4	1
1	4	9	3	5	2	6	7	8
8	7	3	6	4	1	2	9	5
3	8	5	4	7	6	1	2	9
9	2	4	1	8	5	7	6	3
6	1	7	9	2	3	8	5	4

Puzzle-71

6	2	4	3	8	7	1	5	9
8	9	3	1	2	5	4	7	6
7	1	5	6	4	9	3	8	2
3	8	6	2	5	1	7	9	4
1	5	7	8	9	4	6	2	3
9	4	2	7	3	6	8	1	5
2	6	8	9	1	3	5	4	7
4	3	1	5	7	2	9	6	8
5	7	9	4	6	8	2	3	1

Puzzle-72

6	9	8	5	3	4	7	1	2
4	3	7	1	9	2	5	6	8
1	5	2	7	8	6	3	4	9
5	4	6	9	2	7	8	3	1
3	2	1	4	6	8	9	7	5
7	8	9	3	5	1	6	2	4
2	6	5	8	4	3	1	9	7
9	1	3	2	7	5	4	8	6
8	7	4	6	1	9	2	5	3

Puzzle-73

1	6	4	9	2	5	7	8	3
9	5	3	7	1	8	4	2	6
8	2	7	4	6	3	9	5	1
3	9	5	2	8	1	6	4	7
7	4	1	5	9	6	2	3	8
2	8	6	3	4	7	1	9	5
5	3	2	1	7	9	8	6	4
6	1	9	8	3	4	5	7	2
4	7	8	6	5	2	3	1	9

Puzzle-74

6	7	8	4	9	5	1	3	2
9	2	4	1	3	8	7	5	6
5	1	3	6	7	2	8	9	4
4	9	5	2	6	1	3	7	8
1	6	7	3	8	4	5	2	9
8	3	2	9	5	7	4	6	1
3	8	1	5	2	6	9	4	7
7	5	6	8	4	9	2	1	3
2	4	9	7	1	3	6	8	5

Puzzle-75

3	9	7	4	8	2	6	5	1
8	1	2	7	6	5	9	4	3
4	6	5	9	1	3	7	8	2
7	3	9	8	5	4	2	1	6
6	4	8	1	2	7	5	3	9
5	2	1	6	3	9	8	7	4
2	7	6	3	4	8	1	9	5
9	5	4	2	7	1	3	6	8
1	8	3	5	9	6	4	2	7

Puzzle-76

5	3	8	4	7	9	2	1	6
7	4	1	6	2	8	5	3	9
6	2	9	5	3	1	7	8	4
2	6	7	1	4	5	3	9	8
4	9	5	2	8	3	1	6	7
1	8	3	7	9	6	4	2	5
9	1	4	8	5	2	6	7	3
8	5	6	3	1	7	9	4	2
3	7	2	9	6	4	8	5	1

Puzzle-77

8	6	2	1	3	5	4	7	9
9	1	4	8	7	6	5	3	2
3	5	7	9	4	2	1	8	6
1	9	5	3	6	8	7	2	4
2	7	8	4	5	9	3	6	1
4	3	6	7	2	1	9	5	8
6	2	1	5	9	3	8	4	7
5	4	9	6	8	7	2	1	3
7	8	3	2	1	4	6	9	5

Puzzle-78

8	7	3	6	2	1	5	9	4
9	4	1	8	5	3	6	7	2
5	2	6	7	9	4	1	8	3
7	5	9	3	1	8	4	2	6
6	1	4	9	7	2	3	5	8
3	8	2	4	6	5	7	1	9
1	6	8	2	3	7	9	4	5
4	9	5	1	8	6	2	3	7
2	3	7	5	4	9	8	6	1

Puzzle-79

9	4	5	7	2	3	6	8	1
6	8	1	5	4	9	3	2	7
3	7	2	1	6	8	9	4	5
7	9	6	8	3	5	4	1	2
5	3	8	4	1	2	7	6	9
1	2	4	6	9	7	8	5	3
4	5	9	2	7	6	1	3	8
8	6	7	3	5	1	2	9	4
2	1	3	9	8	4	5	7	6

Puzzle-80

5	2	7	3	6	4	9	8	1
3	9	4	7	8	1	2	6	5
1	6	8	5	2	9	7	4	3
2	1	3	4	9	7	6	5	8
8	5	9	1	3	6	4	2	7
7	4	6	2	5	8	1	3	9
6	8	2	9	7	3	5	1	4
9	3	1	6	4	5	8	7	2
4	7	5	8	1	2	3	9	6

Puzzle-81

2	6	5	3	4	1	9	8	7
9	5	8	1	7	6	2	3	4
8	1	6	4	9	3	7	2	5
4	7	3	2	5	8	6	9	1
6	2	4	9	8	5	1	7	3
5	3	1	8	2	7	4	6	9
7	4	9	5	3	2	8	1	6
1	9	2	7	6	4	3	5	8
3	8	7	6	1	9	5	4	2

Puzzle-82

7	8	9	3	1	2	5	4	6
3	5	6	1	2	4	7	9	8
2	9	4	7	3	6	8	1	5
4	6	1	5	8	9	2	3	7
9	2	7	8	4	3	6	5	1
5	1	3	6	7	8	9	2	4
1	7	8	4	9	5	3	6	2
8	3	5	2	6	1	4	7	9
6	4	2	9	5	7	1	8	3

Puzzle-83

3	2	4	7	6	8	9	5	1
1	8	7	5	3	2	6	9	4
5	4	9	6	8	1	7	3	2
6	1	2	9	5	7	3	4	8
8	3	1	2	7	9	4	6	5
4	9	3	8	2	6	5	1	7
7	5	6	1	9	4	2	8	3
2	6	5	4	1	3	8	7	9
9	7	8	3	4	5	1	2	6

Puzzle-84

3	2	1	5	7	8	9	6	4
9	5	4	7	2	6	8	3	1
1	8	6	2	3	4	7	9	5
7	9	8	4	6	3	5	1	2
6	3	5	8	4	9	1	2	7
2	1	9	3	8	7	4	5	6
4	6	7	9	1	5	2	8	3
5	4	2	6	9	1	3	7	8
8	7	3	1	5	2	6	4	9

Puzzle-85

5	3	2	6	4	1	9	8	7
1	9	8	7	3	5	2	6	4
4	2	7	8	9	6	1	5	3
7	8	4	3	6	2	5	1	9
9	7	6	4	1	8	3	2	5
8	4	1	9	5	7	6	3	2
6	5	3	2	8	9	7	4	1
3	1	9	5	2	4	8	7	6
2	6	5	1	7	3	4	9	8

Puzzle-86

8	9	3	6	5	2	1	7	4
7	2	5	4	1	8	6	9	3
1	4	8	7	3	6	9	2	5
2	5	7	3	8	1	4	6	9
4	3	2	9	6	5	7	1	8
6	8	9	2	4	7	5	3	1
3	1	4	8	7	9	2	5	6
5	7	6	1	9	3	8	4	2
9	6	1	5	2	4	3	8	7

Puzzle-87

4	9	5	8	7	2	6	1	3
5	6	2	3	4	8	1	9	7
1	8	7	9	5	3	2	4	6
9	4	8	1	6	7	5	3	2
7	3	1	5	2	4	8	6	9
6	2	9	4	3	1	7	8	5
8	1	6	2	9	5	3	7	4
3	5	4	7	8	6	9	2	1
2	7	3	6	1	9	4	5	8

Puzzle-88

7	2	1	5	3	9	4	8	6
9	6	8	1	7	4	5	2	3
4	3	5	6	8	2	9	7	1
2	1	4	3	5	7	8	6	9
6	7	3	9	2	8	1	4	5
8	5	9	4	6	3	7	1	2
1	9	2	8	4	5	6	3	7
3	4	6	7	9	1	2	5	8
5	8	7	2	1	6	3	9	4

Puzzle-89

7	9	5	3	6	8	2	1	4
1	4	9	8	5	2	3	7	6
8	3	2	6	9	1	7	4	5
5	6	4	2	8	3	1	9	7
3	7	1	5	4	9	8	6	2
9	1	6	7	3	5	4	2	8
4	2	8	9	7	6	5	3	1
6	5	7	1	2	4	9	8	3
2	8	3	4	1	7	6	5	9

Puzzle-90

8	3	9	4	2	5	7	1	6
2	5	8	6	9	7	4	3	1
1	6	4	7	8	2	3	9	5
7	9	3	2	6	8	1	5	4
5	8	1	9	4	3	6	2	7
4	1	6	5	3	9	8	7	2
6	7	2	1	5	4	9	8	3
3	4	5	8	7	1	2	6	9
9	2	7	3	1	6	5	4	8

Puzzle-91

8	1	9	2	6	3	5	7	4
6	5	4	1	7	8	2	3	9
3	7	2	9	4	5	8	6	1
7	4	8	3	5	1	9	2	6
5	2	6	8	9	4	7	1	3
1	9	3	7	2	6	4	8	5
4	8	5	6	3	7	1	9	2
9	6	7	5	1	2	3	4	8
2	3	1	4	8	9	6	5	7

Puzzle-92

9	5	4	7	2	6	8	1	3
2	3	7	4	8	5	1	9	6
4	8	2	3	9	1	6	7	5
3	1	5	6	7	2	4	8	9
8	6	1	9	4	3	5	2	7
7	9	6	1	5	8	2	3	4
1	4	8	5	3	9	7	6	2
6	7	9	2	1	4	3	5	8
5	2	3	8	6	7	9	4	1

Puzzle-93

4	8	5	7	2	6	9	3	1
7	2	6	9	3	1	8	5	4
9	3	1	8	5	4	2	6	7
8	5	4	2	6	7	3	1	9
2	6	7	3	1	9	5	4	8
3	1	9	5	4	8	6	7	2
5	4	8	6	7	2	1	9	3
6	7	2	1	9	3	4	8	5
1	9	3	4	8	5	7	2	6

Puzzle-94

2	4	9	3	1	8	6	7	5
5	6	7	2	4	9	3	1	8
8	3	1	5	6	7	2	4	9
9	2	4	8	3	1	5	6	7
7	5	6	9	2	4	8	3	1
1	8	3	7	5	6	9	2	4
4	9	2	1	8	3	7	5	6
6	7	5	4	9	2	1	8	3
3	1	8	6	7	5	4	9	2

Puzzle-95

4	1	2	9	6	5	3	7	8
6	7	9	8	3	2	1	4	5
8	5	3	4	7	1	2	9	6
9	2	4	3	5	8	6	1	7
7	3	5	1	4	6	9	8	2
1	8	6	2	9	7	4	5	3
3	6	8	5	1	4	7	2	9
5	4	7	6	2	9	8	3	1
2	9	1	7	8	3	5	6	4

Puzzle-96

5	9	6	8	7	2	4	3	1
4	2	9	1	5	6	3	7	8
7	3	8	6	1	4	2	5	9
2	4	1	5	8	7	6	9	3
3	8	5	9	2	1	7	6	4
6	1	3	7	4	8	9	2	5
8	6	2	4	9	3	5	1	7
9	7	4	2	3	5	1	8	6
1	5	7	3	6	9	8	4	2

Puzzle-97

7	8	2	6	9	5	3	1	4
4	1	3	2	8	7	6	9	5
6	9	5	3	1	4	7	8	2
2	6	8	5	3	9	4	7	1
1	3	4	8	7	2	5	6	9
5	7	9	4	6	1	2	3	8
8	2	7	9	5	6	1	4	3
3	4	1	7	2	8	9	5	6
9	5	6	1	4	3	8	2	7

Puzzle-98

6	2	9	1	8	7	3	4	5
3	8	5	4	9	6	7	1	2
7	1	3	9	4	2	5	6	8
4	3	7	6	5	1	2	8	9
2	6	4	7	3	8	9	5	1
8	7	6	5	2	3	1	9	4
5	4	1	2	6	9	8	7	3
9	5	2	8	1	4	6	3	7
1	9	8	3	7	5	4	2	6

Puzzle-99

6	9	7	1	2	5	8	4	3
8	3	5	9	6	4	1	2	7
4	2	1	3	7	8	5	6	9
1	7	9	6	4	2	3	8	5
5	6	4	8	3	7	9	1	2
2	8	3	5	9	1	4	7	6
9	1	2	7	8	3	6	5	4
7	5	6	4	1	9	2	3	8
3	4	8	2	5	6	7	9	1

Puzzle-100

6	7	4	3	8	5	9	2	1
3	9	5	4	2	1	6	8	7
8	2	1	6	9	7	4	3	5
5	8	6	9	7	4	2	1	3
4	3	9	5	1	2	8	7	6
7	1	2	8	3	6	5	9	4
9	6	8	7	4	3	1	5	2
2	4	7	1	5	9	3	6	8
1	5	3	2	6	8	7	4	9

www.ingramcontent.com/pod-product-compliance
Lightning Source LLC
Chambersburg PA
CBHW082237220526
45479CB00005B/1258
* 9 7 9 8 3 2 9 0 3 5 2 1 6 *